KETEBE

ISBN: 978-625-8486-37-7

ketebe.com

Ketebe Yayınları: 594 | **Pedagoji**

KETEBE

Yayın Yönetmeni
Furkan Çalışkan

Yayıma Hazırlayan
Rukiye Şahin
Canan Hatiboğlu

Düzelti
Havva Akdağ

Kapak
Harun Tan

Mizanpaj
Nilgün Sönmez

1. BASKI
Aralık 2021
İstanbul

Ketebe Yayınları
Sertifika No: 49619
Maltepe Mahallesi Fetih
Caddesi No: 6 Dk: 2
Topkapı 34010 İstanbul
Tel: 212 612 29 30
e-mail: ketebe@ketebe.com

Baskı ve Cilt
Matsis Matbaa Hizmetleri
San. ve Tic. Ltd. Şti
Sertifika No: 40421
Tevfik Bey Mah. Dr. Ali Demir Cad.
No: 51 Sefaköy Küçükçekmece /
İstanbul Tel: 212 624 21 11

Çocuklara Eşlik Etme Sanatı

HİLAL ÇORBACIOĞLU

KETEBE

Hilal Çorbacıoğlu

Lisansını İlahiyat ve Sosyoloji alanında yapan yazar yüksek lisans eğitimini Klinik Psikoloji alanında tamamladı. Mesleki hayatında çeşitli özel okullarda okul öncesi ve ilköğretim kademesinde rehberlik psikolojik danışmanlık yaptı. Aile danışmanlığı eğitimiyle beraber uzun yıllardır aile danışmanlığı, bireysel danışmanlık yapmakta ve çocuklarla da çalışmaktadır. Oyun terapisi, masal terapisi, bilişsel davranışçı ve narrative terapi alanlarında çeşitli eğitimler alan ve almaya devam eden yazar okuma ve yazmayı nefes almak olarak tanımlamaktadır. Çeşitli yaş gruplarına göre çocuk kitabı çıkarmış, çocuk dergilerinde de onlara seslenmenin yollarını bulmuştur. Siyah beyaz tüm renkleri çocuklarla renklendirebileceğine inanmıştır. Bireye dokunmanın şifasına kapılmış. Niyeti ardında hoş sada bırakmak olan yazar bu niyetle okullarda, çeşitli kurumlarda, tv programlarında ve dijital platformlarda ebeveynlere, eğitimcilere ve çocuklara seminerler yapmaktadır. Evli ve iki çocuk annesi olan yazar, onlara eşlik etmenin ahengini yaşamaya çabalamaktadır. Tüm gayreti hakiki kul olma bilinciyle dokunduğu her canlıya şifa dağıtmaktır.

İÇİNDEKİLER

Önsöz 13

Başlarken 17

1. BÖLÜM

EBEVEYNLİK SANATI

Niyetin Gücü 25

Farkındalık Çalışması 27

Mükemmel Ebeveyn Bir İllüzyon mu? 32

Kimdir Mükemmel Ebeveyn? 32

Çocuğunun tüm rutinlerinde belli bir program kuralına uygun hareket edenler mi? 36

Farkındalık Çalışması 37

Hayatının merkezinde sadece çocuğu olan ve her şeyini ona göre belirleyenler mi? 40

Çocuğa "hayır" dememek için sınır koymada zorlananlar mı? 42

Çocuğu düşmesin, canı yanmasın, hayal kırıklığına uğramasın diye tüm hayatını steril hale getirenler? 48

Çocuğunuz Sizin Her Şeyiniz mi? 53

Yeterince İyi Ebeveyn Kimdir? 56
Kaçırılan Bağlanma Süreci Nasıl Telafi Edilir? 58
İhtiyaçlara Duyulan İhtiyaç 61
Çocukların Temel İhtiyaçlarına Yakından Bakmak 63
Güvenli Bağlanma 66
Güvenli bağlanma ne demektir ve bu bağ nasıl bağ kurulur? 67
Çevreden gelen hangi sesler bağlanma temelli ebeveynliğe zarar verir ve nelere dikkat etmeliyiz? 68
Koşulsuz Sevgi 71
Düzen 73
Sosyalleşme 74
Sosyal ve Duygusal Gelişimin Kazanımları Nelerdir? 75
Duygusal Uyarım 76
Duyguları Ne Kadar İyi Dinliyoruz? 77
Değerlilik 79
Çocukların Doğal İhtiyaçları ve Doğal İyileştiricileri 81
Yaşam Şifasını Nerede Aramalı? 95
Empati İksiri 95
Çocuklarda Empati Gelişimi Nasıl Seyreder? 97
Şefkat İksiri 100
Acıyı Hissetmek ve Yönetmek 101
Rağmen Harekete Geçebilmek 103
Metropol Tantanalarında Ne Âlemdesiniz? 103
Kendinize Şefkat (özşefkat) 103
Eşine Karşı Şefkat 106
Çocuğa Karşı Şefkat 107
Şefkatli Yolculuğu Ne zaman Başlamalısınız? 108
Çocuğu Duyarak Doyurmak (Emzirme Süreci, Anlama süreci, Alışma Süreci) 108

Çocuklara Empati Duyma ve Şefkat Gösterme Kapasitelerini Fark Ettirmek 109
Başkalarına Yardım Edebilecekleri Fırsatlar Oluşturmak .. 109
Şefkatin Ölçüsü Olur mu? 110
Hakikatten ve Hakk'tan Öte Düşünmemek 110
Çocuğun Dünyasını Ahiretine Tercih Etmek 110
Çocuğunun İbadetlerini Şefkat Duygusuna Sığınarak Engellemek 111
Sevdiklerini Her Şeyden Çok Sevmek (Hak da Dâhil), Emanet Olduklarını Unutmak 111
Şefkatin İfrat Hali Aşırı Acımak; Tefrit Hali Merhametsizlik 111
Değer İksiri (Görünmez Çocuklar) 112
Kendilerini Daha Değerli Hissetmeleri İçin Çocuklarımıza Nasıl Yardımcı Olabiliriz? 113

2. BÖLÜM

İLİŞKİLERİN KALBİNE GİDEN YOL

Dilin Tesiri 117
Zihnimizde Kalanlar 117
Konuşmak İyileştirir mi? 121
Nasıl Söylemeli? 123
Sen Dili 123
Ben Dili 126
Eylem Dili 129
Çocuklarla İlişkinizi Güçlendirmeye Ne Dersiniz? 130
Halimizin Tesiri 133
Hal Dili 134
Dikkat Etme 135
Hatırda Tutma 136
Davranışı Meydana Getirme Süreci 136
Güdülenme Süreci 137

His Tesiri 139
Can Kulağıyla Dinlemek 143
Çocukları Can Kulağıyla Dinlemenin Kazanımları 145
Can Kulağıyla Dinlemeyi Ne Engeller? 146
Nasıl Can Kulağı ile Dinlerim? 147
Şiddetsiz İletişimin Tesiri 151
Gözlem 152
Duygu 155
İhtiyaç 157
İnsanın İhtiyaçları Nelerdir? 158
Rica 161
Kalbimizdekilere
Ördüğümüz Duvarlar 163
Yargılamak, Eleştirmek 164
Tehdit Etmek, Emir Vermek 164
Ahlak Dersi Vermek 165
Çocuk Yerine Çözüm Ortaya Koymak ve
Çözmeye Çalışmak 166
Davranışları Yorumlama 167
Kıyaslamak 168

3. BÖLÜM

DÜN, BUGÜN, YARIN

Yaralarınızı Tedavi Etmek Niyetiyle Yapabilecekleriniz 178
Çocukluğumla Yüzleşmek ve İyileşmek 185
Ebeveyn Rolleri 189
Ebeveyn Tutum ve Davranışları 193
Çocuk Merkezli Aile Ne Demek? 193
Dünyanın Merkezinde Kim Var? 194
Kimin Sözü Geçer? 195
Çocuğuyla Arkadaş Olan Ebeveynler 198

Tutarlı Ebeveynler 199
Baskı ve Otorite Kime İyi Gelir ki? 201
İlgisizliğin Doğurduğu İç Acısı 202
Korumak Sahiden Mümkün mü? 203
Demokratik Aile Olmak Çok mu Zor? 205
Kriz Zamanları ve Geriye Kalanlar 207
Sosyolojik Anlamda Neler Okuduk? 207
Aile Olarak Neler Okuduk? 210
Kriz Durumlarında Çocuklar İçin Neler Yapabiliriz? 213
Bireysel Olarak Neler Okuduk? 215

4. BÖLÜM

AİLEDE DEMOKRASİ

Ailede Demokrasi Nasıl Korunur ve Geliştirilir? 223
Toplansak da mı Karar Alsak, Toplanmasak da mı? 224
Aile Toplantısı Nasıl Yapılmalıdır? 226
Aile Toplantıları Çocuklarımıza Ne Kazandırır? 227
Sorumluluk mu Dedi Biri? 228

5. BÖLÜM

İYİYİM, İYİSİN, İYİ 231

“Çocuklar yaşadıklarını öğrenir.”

Dorothy Law Nolte

Önsöz

Hepimizin içinde büyüdüğü, bazen yaralandığını, bazen de onarıldığını hissettiği bir hikâyesi vardır. Aile, bu hikâyenin başladığı yerdir. Yani kitabın giriş bölümü…

Hikâyenin devamı dünyadaki yolculuğumuzda yol aldıkça irademizle şekillenir. Anne rahmine düştüğümüz ve büyümeye başladığımız andan itibaren duyduklarımız, temas ettiklerimiz, etrafımızdakilerin duyguları, mizacımız, içine doğduğumuz yuva ve gelecekte yaşayacağımız her olayın birbiriyle bağlantısı ve anlamı vardır.

Hayat boyunca peşine düştüğümüz soruların, yaraların, yorgunlukların ve mutlulukların kaynağı işte tam olarak oralarda bir yerde saklı. Aidiyet duygumuzu geliştirmeye, nereden gelip nereye gideceğimiz hakkında düşünmeye ve seçimler yapmaya ailemizle başlarız. İyileşmek de bu yüzden derinlerde olanlarla bağlantı kurduğumuzda başlar. Bazen cevapları bulmak için ruhumuzun ücra köşelerinde gezinmeyi göze almalıyız. Görmezden geldiklerimizle yüzleşip niyetimizi temizlemeliyiz.

Kuralların, kaidelerin çok ötesinde, kalbimizle temas ettiğimizde bağımızı güçlendiririz. Kalbimizle temas etmenin yolu da onun varlığını hissetmekten, yaralarını tedavi etmekten geçer.

Bu kitabı yazarken en çok kalbime iliştim, bazen çocukluğuma sokuldum, elinden tuttum. Dilerim siz de önce çocukluğunuza yaklaşır, şefkatle elinden tutar ve ona gelirsiniz. Sonra çocuklarınızla güçlü, sevgi ve şefkat dolu bağ kurmanın yollarını satırlarımızda keşfedersiniz. Çünkü ebeveynlerinden en az birisiyle şefkatli, tutarlı ve sevgi dolu bağ kuran çocuklar kendi hikâyelerini yazarken daha az yara alır, hayat yolunda ruhları zedelenmeden ve sendelemeden yürürler.

Sevdiğim bir söz var: "Çocuklarımıza nasıl davranırsak onlar da dünyaya öyle davranır." Ben bu sözü biraz daha öteye taşımak istiyorum: Sadece dünyaya değil, kendilerine de öyle davranırlar.

Çocuklarımız için dünyayı tamamen değiştirmemiz mümkün değil lakin dünyayı değiştirmek için ihtiyaçları karşılanmış, sevgi dolu çocuklar yetiştirmek bizim elimizde. Çocuklarımızın bir amacı olan anlamlı bir yaşam sürmeleri için mutlu ve sevgi dolu ebeveynler olarak onlara eşlik edebiliriz. Çünkü onlara bu şekilde eşlik edersek bu çocukların temas edeceği her kalp, insanlık tarihi adına şifa olacak.

Bu kitabı yazarken mükemmel bir ebeveyn olmanın, hiç hata yapmamanın, en doğru şekilde nasıl çocuk yetiştirileceğinin sırlarından bahsetmedim. Böyle bir gerçekliğin olduğuna da inanmıyorum. Yaşadığımız doğru yanlış her şey bugün bizi biz yapan yaşanmışlıkların bütünü. Çocuklarımız da zaten bizden mükemmel olmamızı beklemiyorlar. Hata, deneyimin bir parçasıdır. Çocuklarımızın fiziksel ve duygusal ihtiyaçlarının yeterince ve elimizden geldiğince karşılanması ve buna samimiyetle niyet edilmesi hikâyede üzerimize düşen en önemli sorumluluktur.

Her şey olması gerektiği gibi olmadığında da hayatın zorluklarıyla baş edebilen, üstesinden gelebilen ve umutla yola devam edebilen yetişkinler olmaları için şimdi, burada ve yeterince ihtiyaçlarının karşılanmasıyla ebeveynlik hikâyemize başlayabiliriz. Dilerim okuduğunuz satırlar niyetinizi fark ettiğiniz, değiştirdiğiniz veya tazelediğiniz bir başlangıca aracı olur.

Bu kitabı yazmama vesile olan anılarımı baş tacım ederek bu satırlara katkısı olan herkese teşekkürü bir borç bilirim.

Öncelikle bana geriye döndüğümde hep huzuru, kanaati, gayreti, merhameti hissettiren, kalem ve kitapla bağ kurmamı sağlayan, destekleyen canım babam ve anneme; yazdıklarımı dinlemekten vazgeçmeyen, her zaman destek olan kardeşlerime; kendi hikâyemizi kıymetlendiren, elimi sıkı sıkı tutan ve bana her zaman inanan eşime; anneliğin kıymetini öğreten, huzurunu yaşatan, sadrımı genişleten yavrularıma; kitabımıza ilham veren, yaşadıklarını paylaşan tüm danışanlarımın hikâyelerine, anne babalara ve çocuklara; bana güvenen ve destekleyen Ketebe Yayın Yönetmeni kıymetli Furkan Çalışkan Bey'e ve sabrını, desteğini ve emeğini esirgemeyen değerli editörüm Cihan Aldık Bey'e teşekkür ederim.

Başlarken

Çocuklarımızın kalplerine ebeveyn olarak neler fısıldadığımızı beraber duymak niyetiyle buluştuk kelamla... Hepimiz çok iyi biliyoruz ki onların dünyalarında bir gün sadece hatıra olarak kalacağız. Kahkahalar, sevgi dolu dakikalar, acılar, çatışmalar, çözümler, sarılmalar, en heyecanlı anlar kalacak bizden geriye. İhtiyaç duyduklarında yollarını aydınlattığımız o anlar, tökezleyip düşerlerse kalkıp hayata devam etmeleri için yol gösterecek ayak izlerimiz kalacak zihinlerinde.

Çocuklarımıza nasıl yaşadığımıza, nasıl sevdiğimize, hayata nasıl baktığımıza veya acıları nasıl karşıladığımıza dair yüzlerce ipucu veririz. Bu ipuçlarıyla kanatlar takarız masum yüreklerine. Ve bir gün yuvadan nasıl uzaklaşacakları, kanatlarının sağlamlığıyla belirlenir.

Hayatı bizim algıladığımız gibi algıladıklarını, hayata bizim baktığımız gibi baktıklarını fark ederiz. Eksikliklerimizi, kaçındığımız şeyleri onların yüzlerinde görünce öfkeleniriz. Kendi yansımamıza tahammül edemeyiz. İyileştirmemiz gereken kendi çocukluğumuzken biz genelde çocuğumuzu iyileştirmeye çalışırız. Çünkü bir başkasını onarmak kendimizle yüzleşmekten daha kolaydır. İnsanın kendine bakması zahmetlidir, yorucudur. Ama biliriz ki zahmette rahmet vardır, neticesi de kıymetlidir.

Her şeye rağmen bu zorlayıcı bir süreç olabilir çünkü anne veya baba olduktan sonra hayallerimiz, gerçeklerimiz, pişmanlıklarımız, üzüntülerimiz, korkularımız, kaygılarımız, umutlarımız hepsi birbirine karışır. Bu noktada çocuğumuzun geleceğiyle ilgili kendimizi yokladığımızda şu sorulara verdiğimiz cevaplar çok kıymetlidir.

- Çocuklarımıza miras olarak ne bırakmayı planlıyoruz?
- Kavli ve fiili dualarımızı destekleyecek davranışlarımız var mı?
- Niyet ettiklerimizle amellerimiz birbirini destekliyor mu?
- Huzurlu ebeveynlik süreci geçirebilmek adına kendimizin farkında mıyız?
- "Bugün" "burada" "bu anı" yaşamak konusunda gerçekten başarılı mıyız?
- Unutmamamız gereken en önemli nokta ise niyetimizin, çocuğumuzla aramızdaki fıtri bağı kuvvetlendirmek ve çocuğumuzun hayatına eşlik etmek olduğudur.

1. BÖLÜM

EBEVEYNLİK SANATI

Ebeveynlik sanatı çocukla muhatap olduğumuz o ilk anda başlar. Ve her muhatap olduğumuz an devam eder. Bu yüzden ilişki içinde olduğumuz bu yeni kişiyi tanımak oldukça önemlidir. O halde çocuğu tanımakla başlasın mı yolculuğumuz? Sahi kimdir çocuk?

Yargılarımız, söylemlerimiz, geleneksel olarak dilimize yapışmış kelimelerimizle nitelendirdiğimiz ve karşımıza aldığımız kişi midir çocuk? Yoksa henüz hakkında pek bilgimiz yokken bize eşlik etmesine karar verdiğimiz kişi midir?

Çocuk sahibi olma kararı verdiğimizde çok arkada bıraktığımız çocukluğumuzun sokaklarına geri dönmekte zorlanacağımız bir yolculuk için hazırlığımız tam mıdır?

Çocuklu hayat nasıldır mesela? Dünyanın hem en rahmetli, hem en zahmetli, en zor, en kolay, en eğlenceli, en karmaşık duygularını mı içerir anlattıkları gibi? Mutluluğun formülü müdür yoksa gençliğin bize veda edişi midir? Peki zor derken nasıl bir zorluktan bahsederler? Mesela her sabah aynı hikâyeye uyanmak mıdır mevzu? Ya da dünyaya gelen bu yeni insanın yeryüzüne aşina olmadığı için tedirginlikle sık sık ağlamalarından mı bahsedilir? Yoksa artık uzunca bir süre her akşam "Bu gece yatağınızda yatabilir miyim?", "Ama çok korkuyorum!", "Yoksa sen beni sevmiyor musun?" gibi cümleciklerle karşılaşıp üç, belki dört kişi bir yatağı paylaşmaya çalışacağımız gelecekle mi ilgilidir? Bazen çalışmadığımız yerden gelen sorulara cevap bulma çabamız mı olacaktır zorluk denilen şey? Saatlerce bebeğimizi emzirecek zorunda olacağımız ve kesintisiz uykuları birer anı gibi hatırlanacağımız o gelecek mi?

Çocuğumuzun dönemsel problemlerini öğrenmeye çalışırken öğrendiklerimizi gerçek hayatta nasıl kullanacağımızın stresini yaşayacağımızdan mı bahsedilir yoksa? Her detayını kitaplarda bulamayacağımız kadar karmaşık olacak tuvalete alıştırma dönemi, emmeyi bırakma dönemi, kendi başına takılma dönemi gibi sendromlu zamanlarımız olacağından mı? Okulu, öğretmeni, arkadaşı, ergenliği derken hepsinin kendine has problemlerinin olacağı o karmaşık denklemler mi bizi zorlayacak?

Sahi üç yanlışın bir doğruyu götürdüğü sınav koşturmacalarımızdan çıkıp mesleğimize atılır atılmaz bir nikah masasında soluklandıktan bir süre sonra kucağımızda bize masum masum bakan bu minik için yapacağınız kaç yanlış kaç doğruyu götürür? Telafisi mümkün müdür? Neden kimse bu gerçekleri bize öğretmemiştir? Bütün bu zorlukların karşısında nasıl bir kolaylık vardır?

Bebeğimiz uyurken onu özlediğimiz için beşiğin başına geçerek sessizliği dinlemek nasıl bir histir?

Bebeğimizle sanki çok uzun zamandır tanışıyormuşuz hissi ve daha önce kimseye karşı duymadığımız bu duygular nereden gelir?

Mesela her alışverişte kendimizi çocuk reyonlarında buluyor oluşumuz, ona dair ne varsa birden ilgi alanımıza girmesi nasıl bir histir?

Bir babanın tüm çocukluğunu kendi çocuğuyla kucağına alışını, heybetli görüntüsünün altından çıkan o çocuksu yanına dair duyduğu mutluluğu nasıl tarif edebiliriz?

Sanki içimizde ustalıkla kodlanmış bir program varmış gibi bebeğimizin neden ağladığını, ne istediğini, ne demeye çalıştığını nasıl anlarız?

> Geçmeyeceğini düşündüğümüz bütün kriz anları ve sıkıntılar geçer. Hatta zaman öyle geçer ki bıraktıklarıyla yad edebiliriz yalnızca.

Anne ve baba olarak çocuklarımızı düşünürken onları hiç aklımızdan çıkartamıyor olmamız, kokusunu (ter kokusu da buna dahil), saçlarını, gözlerini, yumuk yumuk ellerini hatırladığımızda bile kendimizi mutlu hissetmeniz sadece serotonin hormonuyla mı ilgilidir?

İlk göz göze geldiğimiz, buruşuk suratını dünyanın en güzel yüzü ilan ettiğimiz kaç kişi, kaç an vardır?

Biz çocuğa dair algımızı iyileştirmeye odaklanırken etrafımızdakilerin çocuklarla ilgili düşünce ve davranışlarıyla nasıl mücadele ettiğimizi bir düşünelim. Oysaki bize beklemeyi, sabretmeyi, hissetmeyi, yavaşlamayı, sakinleşmeyi, anlayabilmeyi öğrettikleri kaç an yaşadık değil mi?

Yetişkinler olarak çocukken geçtiğimiz yolları çocukluğumuzdan uzaklaştıkça unutuyoruz sanırım. Çocuklarımız, çocukluğumuzu hatırlamamız için bir şansken "Çocuk kimdir?" sorusuna daha yakından bakmalıyız.

Çocuk; ayak bağı değildir.

Çocuk; bıkılacak, pes dedirtecek varlıklar değildir.

Yaka silkmeyin, yüzünüzü asmayın, oflayıp poflayarak sürekli şikayet etmeyin.

Çocuk; hepimizin evinde aziz bir misafirdir, masum hallerimizin tamamıdır.

Çocuğumuzla ilk bakıştığımız, elini tuttuğumuz, diz dize olduğumuz ilk anı, ilk uykusuz geçirdiğimiz geceyi, onun için döktüğümüz ilk gözyaşını, hastalandığı ilk günü, düştüğü ilk zamanı, ondan ilk ayrılışımızı hatırlayalım. Nasıl bir bağdır bu ve ne kadar kuvvetlidir? Bu kadar farklı duyguyu bu bağ sayesinde hissediyor olmak rahmet değil midir?

Çocuğumuz yanımızda bize eşlik ederken, bizse hayatın ne olduğunu ve ne olmadığını anlamaya çalışırken o zorlu anlarda çocuğumuzu sarmalamak, güven ihtiyacını karşılamak çok basit değil midir?

Şükredelim; zaaflarımızı terbiyeye vesile oldukları için. Fazlalıklarımızı törpüledikleri, eksikliklerimizi tamamladıkları için. Bize kalpten, masumane, çıkarsız, riyasız baktıkları ve bizi sevdikleri için. Eğlenebilmeyi, anı yaşayabilmeyi, neşelenmeyi, düşüp kalkarak gayreti, saflığı ve masumiyeti hatırlattıklarını fark edelim. Çocuğumuzun eleştirmeyerek, affederek, hoş görerek, unutarak, karşılıksız vererek bizi nasıl arındırdığını hissedelim.

Geçmeyeceğini düşündüğümüz tüm kriz anları ve sıkıntılar geçer. Hatta zaman öyle geçer ki bıraktıklarıyla yad edebiliriz yalnızca.

Çocuklarımız büyüdükçe diz ağrıları iyileşir lakin kalp ağrıları çıkar ve anlar insan zamanın nasıl da hızlı geçtiğini. Anıların raflarda, acıların kalplerde nasıl biriktiğini. Öyle süratli büyürler ki farkında bile olamayız ve en iç acıtanı da asla oraya geri dönemeyeceğimiz, kaybolan yılları yeni baştan yaşayamayacağımız gerçeğidir

Bırakalım kendimizi oyunlarının akışına ve birlikte iyileşelim. Gülüşlerine ruhumuzla eşlik edelim. Çocuklarla dinlenelim, demlenelim.

"Herkes bir gün çocuk olduğunu hatırlasa yeter," der Dostoyevski. Ve bunu hatırlayıp en içten duygularımızı ve ihtiyaçlarımızı hissederek muhatap olduğumuz kişinin çocuk olduğunu fark edelim: Ebeveynlik niyetimizi gözden geçirelim.

Niyetin Gücü

"Dünyayı değiştirmek için, çocuklarımızı yetiştirme şeklimizi dönüştürmenin sahip olduğu potansiyelden daha radikal tek bir unsur yoktur."

Williamson

Hamileliğinizin başlangıcında pozitif test sonucunuzu ilk aldığınızda, bebeğinizin içinizdeki ilk kıpırdanışlarını hissettiğinizde, onu ilk kucağınıza aldığınızda, ilk nefesini duyduğunuzda, onunla ilk kez bakıştığınızda neler hissettiniz? Şu an hissettikleriniz sizi oradaki hangi düşüncelere götürdü? Ebeveyn olmaya ilk niyet ettiğiniz an çocuklarınız için nasıl bir anne baba olmayı hayal ettiniz? Bu kararınız sıradaki hedefiniz gerçekleşsin diye miydi? Evliliğiniz kurtulsun diye mi? Yoksa bir çocuğun hayatına eşlik etmek mi istiyordunuz? Nasıl bir ebeveyn olacağınıza dair algınız neye göre şekillendi? Hamilelik sürecinde duyduklarınız, geçmişteki ebeveyn modelleriniz, kitaplardan okuduklarınız, çevrenizde şahit olduklarınız mı şekillendirdi yoksa çok derinlerden gelen içgüdüsel duygular mı yön verdi size?

Bu soruların cevabını kendi içinize bakarak verdiğinizde neye niyet ettiğinizi fark etmeye başlarsınız. Bu farkındalıkla

İnsan "niyet" ve "nasip" ile kurulmuş bir ahengin içinde yaşar.

beraber şu an hissettikleriniz, gerçekte yaşadıklarınız aslında öylesine bir anne babalığın hiç kimseye yararının olmadığı gerçeğini hatırlatır hepimize. Sığınağımız olan ailemize evlat olarak hakiki bir niyetle sığınamama hali ise güvensiz bir bağlanmayı beraberinde getirir. Bu da hayat boyu yaşanacak bir boşluk doldurma yarışıyla yaralanan ruhsal bir durumu ortaya çıkarır. Bu nedenle ebeveyn olmaya niyet ettiğimizde neden bir çocuğa eşlik etmek istediğimiz sorusuna iyi cevap vermek gerekir.

Niyet; her başladığımız işte, her üstlendiğimiz rolde, her giydiğimiz sıfatta aslında işin ruhunu oluşturur. Çünkü niyet ile mana oluşur. O nedenle her anne babanın kendi gerçek niyetini, davranışlarını, ebeveynliğini hangi mananın şekillendirdiğine yakından bakması gerekir. Başkalarının fikirleri ve istekleri üzerinden hayatlarını şekillendirenler şüphesiz başkalarının hayatlarını yaşarlar. Gerçek mutluluk ve çocuğunuzla gerçek temas için, hakiki ve kendi niyetlerinizle hayatlarınızı düzenlemeniz gerekir. Böylece gerçek hikâyenizi kendi kaleminizle yazmanız mümkün olur.

FARKINDALIK ÇALIŞMASI

Tam da bu konuyla ilgili bir keşif çalışması yapmaya ne dersiniz? Kendimize yüksek sesle söylemediğimiz şeylerin farkında varmamızı ve içimizde derinlerde bir yerlerde neler olduğunu görmemizi sağlar.

Başımıza gelen ve gelecek olan bazı şeyleri değiştiremeyiz. Birçoğu bizim dışımızda gelişen ve bizi etkileyen olaylardır aslında. Bununla birlikte ebeveyn olarak çıktığımız bu yolculukta değiştirebileceğimizden emin olduğumuz en güçlü nokta niyetimizdir. Niyetimizle yolları aşabilir, sisleri dağıtabilir ve şu ana daha gerçekçi bakabiliriz.

Ebeveyn olmakla ilgili niyetimiz hakkında bir pratik yapalım. Bir kağıt ve bir kalem alalım elimize. İlk işimiz aşağıdaki sorulara samimi ve şeffaf bir şekilde cevap vermek olsun.

1. **Ebeveyn olarak çocuğumuzun geleceği hakkında düşündüğümüzde ne hayal ediyoruz?**

   ....

   ....

   ....

2. **Çocuğumuz gelecekte nasıl bir eğitim alıyor?**

   ....

   ....

   ....

3. **Çocuğumuz gelecekte hangi mesleği seçiyor?**

   ....

   ....

4. Çocuğumuzun yetişkinlik dönemindeki ekonomik durumu nasıl?

....

....

....

5. Çocuğumuz gelecekte nerede yaşıyor?

....

....

....

6. Çocuğumuz ileride bir evlilik yapıyor mu?

....

....

....

7. Çocuğumuzun geleceğini düşündüğümüzde onu mutlu görüyor muyuz?

....

....

....

8. Çocuğumuz ileride nasıl bir ebeveyn oluyor?

....

....

....

9. Çocuğumuz nasıl bir kişiliğe sahip?

....

....

....

10. **Çocuğumuz ileride sorumluluk sahibi mi?**

....

....

....

11. **Gelecek hayalimizde çocuğumuz duyarlı mı, anlamlı ve kararlı bir hayat yaşamayı önemsiyor mu?**

....

....

....

12. **Çocuğumuzun gelecek hayalimizdeki dünya görüşü, değerleri, inancı nedir?**

....

....

....

13. **Çocuğumuzun hayata bakış açısı nedir?**

....

....

....

14. **Çocuğumuzun gelecekte yaşadığı tekrarlar neler? Bunaldığı zamanlarda kendisine fısıldadığı cümleler neler?**

....

....

....

15. Çocuğumuzun geleceğiyle ilgili bu niyetlerimiz çerçevesinde bugün neler yapıyoruz?

....

....

....

16. Çocuğumuz büyüdüğünde ve çocukluk günlerini hatırladığında nasıl hatırlasın isteriz?

....

....

....

Bugün kurduğumuz cümleler ve samimi itiraflar, ebeveyn olarak hayat boyunca karşılaşacağımız yol ayrımlarında bize öngörü ve içgörü kazandırır. Bu soruların bazılarının cevapları bizi kendi zaaflarımıza, yapamadıklarımıza, bazıları hayallerimize, bazıları fıtri meyillerimize çıkarır. Bu cevapların önemli olmasının sebebi ise gerçek ebeveynlik niyetimizi göstermesidir.

> Çocuklar büyürken
> sürekli temizlik yapmak,
> kar yağarken kapı önünü
> temizlemeye benzer.

Mesela "Çocuğumuz ileride sorumluluk sahibi mi?" sorusuna "Evet" cevabını veriyorsak ama bugünkü davranışlarımızda ebeveyn olarak çocuğumuzun arkasını topluyor, işlerini kendisinin yapmasına izin vermiyorsak ya niyetimizi sorgulamalıyız ya da davranışımızı. Ya da çocuğumuz için aslında kendimizin istediği bir meslek seçiyor ve çocuğumuzun özgür bir birey olduğunu söyleyerek dilediği mesleği seçebileceğini düşünüyorsak bu duruma da biraz daha yakından bakmaya ihtiyacımız olabilir.

"Çocuğumuzun hayata bakış açısı nedir?" sorusuna pozitif cevaplar verip benim bugün hayata bakışım negatif olursa niyetim pek de gerçekçi bir niyet olmaz. Yahut çocuğuma olumsuz telkinler veriyorsam; "Senden adam olmaz!", "Bir işi de halledemedin!", "Bir kere de şu işi kendin başar!" gibi motivasyon kırıcı bir yaklaşım sergiliyorsam niyetimi tekrar sorgulamam gerekir.

Şu gerçekliği iyi bilmeliyiz ki insanın en iyi karnesi kalbidir. Kalpten verdiğimiz cevaplar ve davranışlar, kalıplarımız arasındaki uyum hayatımıza dair çok fazla ipucu verir.

İnsan "niyet" ve "nasip" ile kurulmuş bir ahengin içinde yaşar. Bu ahenkte, ebeveyn yolculuğumuzda niyetimiz; kendimiz olabildiğimiz, kendimizi bulabildiğimiz, çocuğumuzla çocukluğumuzun elinden tutabildiğimiz eşsiz bir yolculuk olursa ebeveyn olmanın anlamı değişir. Bu soruyu sormak ve bu cevabı bulmak da nasip meselesidir. Bu yolculuğun anlamlı hale gelmesi, ebeveynin nasiplenebilmesi ise hayırlı bir niyet ve doğru iletişimle, özel duyguları hissetmekle ve çocuğa bunu hissettirmekle başlar.

Çocuğumuzla ilgili endişelerimiz, beklentilerimiz, hislerimiz, düşüncelerimiz niyetimizi çerçeveler. O halde niyetimizi doğru bir şekilde belirlememiz gerekir. Bu niyetimizi doğru şekillendirmek için ise "mükemmel ebeveyn" ve " yeterince iyi ebeveyn" algımıza yakından bakmamız gerekir. Bu iki ebeveynin esasında kim olduklarını ve yakından, uzaktan nasıl göründüklerini bildikten sonra niyetimizi belirlemek açısından daha bilinçli olmamıza yardımcı olacaktır.

Mükemmel Ebeveyn Bir İllüzyon mu?

Yeterince iyi anne olmaya geçmeden önce çevremizde sıklıkla karşılaştığımız "mükemmel dünya" algısıyla birlikte mükemmel(!) ebeveyn kişisinin düştüğü buhrana bakalım dedi.

Kimdir Mükemmel Ebeveyn?

Daima temiz, daima düzenli ebeveyne mükemmel ebeveyn mi deriz? Sahi bu mümkün müdür?

Çocuklar büyürken sürekli temizlik yapmak, kar yağarken kapı önünü temizlemeye benzer. Sonu gelmeyen nankör bir iş alanı gibidir temizlik meselesi. Sürekli toplanan oyuncaklar, aman kirlenmesin diye dikkat edilen halılar insanın eşyaya hizmet etmesine sebep olan bir handikapa dönüşürse kişiyi tüketir. Filmin sonunda da ne kadar dikkat etseniz de kirlenir. Böyle bir durumda şunu hatırlamak gerekir; hiçbir kir çocuğumuzun hayallerinden ve hatırlayacağı geçmiş güzel günlerden önemli değildir. Bir grup terapisinde bir arkadaşım annesinin titizliğinin kendisine neler hissettirdiğini, yıllarca üzerinde nasıl taşıdığını şöyle ifade etmişti.

"Perdeleri çok az açardı, güneşi çok az görürdük. Güneş olur da az gelir ve evde toz uçuşursa hemen süpürge açar havadaki tozları toplamaya çalışırdı. Asla annem evdeyken top oynayamazdık ama evde değilse çoraptan top yapar oynardık. Tabii eve geldiğinde evde top oynandığını havayı koklayarak anlardı ve bizi fena halde döverdi."

Bunu anlatan kişi anlatırken gözyaşlarına hâkim olamadı, 35 yaşlarında olmasına rağmen bu anı sanki bugün yaşanmış gibi öfkesini ortaya çıkardı ve yaralarından bahsetti. Böyle bir sahne belki bizim hikâyemizde yok ama eminim birçoğumuz evin salonunu hiç kullanamadı. Müze gibi girdiğimiz, koltuklarında örtüler serili, çat kapı kırk yılda bir gelecek olan misafir için özenle bekletilen mekân... Olur da çocuklardan biri girerse elde terlik yüksek perde bir tiz sesin faili nasıl kovaladığını sanırım hepimiz hatırlarız. Yahut "Yeni süpürdüm, basma oraya!" feryatlarını. Elimizden ezkaza bir şey düşer de etraf kirlenirse vay halimize!

Çocuk olarak hayal edelim kendimizi. Hangimiz isteriz bize sürekli öfke dolu tepkiler veren bir anne veya babayla büyümeyi? Hata yapmanın insana mahsus olmasına rağmen hata yaptığı için ebeveyninin öfkesine maruz kalan çocuk hangi duyguları barındırır minicik kalbinde? Oda temiz olmazsa her an gelebilecek o belirsiz misafirler ne der diye düşünerek endişeyle annenizin kaygı ve öfke dolu hali nasıl bir tedirginliğe dönüşür ruhunuzda? "Üzüntü", "korku", "endişe", "kaygı", "yetersizlik" değil mi?

Korkularının artması ve baş edilemez hale gelmesi nedeniyle çocuğu için başvuran bir danışanımın hikâyesinden örnek vermek isterim. Yaz tatilinin yaklaşması nedeniyle su korkusunun aşikar bir şekilde ortaya çıkmasıydı mesele. Uykularının bölünmesi, elini yıkarken bile yoğun kaygı yaşaması günlük hayatın akışına da engel olmaya başlamıştı. Çocuk danışanımla çalışırken fark ettiğim bir durum annenin de bana anlatmadığı bazı gerçekleri açmasına sebep oldu. Aslında uzun zamandır öfke krizlerinin artması ve şiddet gösterme gibi davranışlar da bu kaygının beraberinde gelenlerdi. Oyun terapisi esnasında fark ettiğim bazı bilgileri ebeveyn görüşmemizde paylaşırken ne zaman korkmaya başladığını anlatıverdi annemiz. Aslında bu korkuların temellenmeye başladığı dönem, tuvalet alışkanlığını yaşında kazanmasına rağmen kardeşi doğduktan sonra uzunca bir süredir (6 yaşına kadar) alt ıslatma problemi yaşamaya başladığı dönemdi. Bu alt ıslatma probleminden yorgun düşen ve çaresiz hisseden ebeveyn, o dönemde yardım almak yerine çareyi çocuğu banyoda tek başına bırakmakta bulmuştu. "Temizlenene kadar çıkma buradan!" diye bağırarak çocuğunun yalnızlık, suçluluk, kaygı ve korku gibi birçok duyguyu yoğun yaşamasına sebep olmuştu.

Kendi kaygılarımızın yoğun yaşanması ve ne yapacağımızı bilemememiz çok normal fakat yardım alma, destek isteme gibi seçeneklerimiz her zaman var olduğunu bilmeliyiz O yorgunluk ve çaresizlikle yapacaklarımız hem çocuğumuzda derin izler bırakır hem bizde.

Hangimiz ebeveynlerimizle ilişkimizde bizi yoran, zorlayan anıları, sözleri ve davranışları hatırladığımızda iyi şeyler hisseder? Gülüp geçtiğimizi zannediyorsak da yanılıyoruz, geçmiyor. Ummadığımız bir yerde, ummadığımız bir suçluluk, yetersizlik veya öfke duygusu olarak çıkıveriyor karşımıza. Yahut fark edeceğimiz o özel ana kadar kızdığımız o tepkiyi tekrarlarken bulabiliyoruz kendimizi.

Geride kaldığını düşündüğümüz ve duygusal olarak bizi zorlayan veya iyi hissettiren anılarımız ve acılarımızı hatırlayarak anne-babamızla aramızdaki bağ hakkında farkındalık çalışması yapmaya ne dersiniz?

FARKINDALIK ÇALIŞMASI

- Arkanıza yaslanın ve geride kaldığını düşündüğünüz çocukluğunuzun sokaklarına gidin. Oyunlar oynadığınız, hayal kurduğunuz, arkadaşlığın ne demek olduğunu öğrendiğiniz o sokağa…
- Çocukluğunuzun geçtiği evin önünde hayal edin kendinizi. Derin derin nefes alıp verin, kapıdan yükselen sesleri, kokuyu, davranışları, ayrı ayrı ebeveynlerinizi hayal edin.
- Ve kapıyı çalın. Sizi kim karşılıyor, nasıl görünüyor, neler hissettiriyor? İçeri girerkenki duygularınız nasıl? Kalbinize götürün elinizi, derin derin nefes alıp verin.
- Ve çocukluğunuzun elinden tutun beraberce girin evinize.
- Kokuyu hayal edin, nasıl kokuyor eviniz? Kimler var, nelerle meşguller?
- Ne hissediyorsunuz? Duyguları vücudunuzun neresinde yoğun olarak yaşıyorsunuz?
- Dolaşın odalarınızı, salonunuzu gezin. En çok nerede oturuyor, neler yapıyordunuz?
- Akşamlarınız nasıldı? Peki ya sabahlarınız?
- Mutfağınızı, sofralarınızı hayal edin. Sofra başında yapılan hangi sohbetleri hatırlıyorsunuz?En çok hangi duyguları daha baskın hissediyorsunuz?
- Ebeveynlerinizi içtenlikle ve olumlu duygularla karşılıyor musunuz?
- Onların sizi içtenlikle ve olumlu duygularla karşıladıklarını hissediyor musunuz?

- Kendinizi o eve, odaya, ebeveynlerinize ait hissediyor musunuz?
- Hangi duygular içindesiniz?
- Derin nefes alın ve verin…
- Vedalaşın ve evden çıkıp uzaklaşın.
- Şimdi ve burada hangi duygular içindesiniz?

"Temizlik imanın yarısıdır." Burada hem fikiriz. Sadece temizlik adı altında kendimize ve çevremizdekilere rahatsızlık vermek, üzmek ve incitmek insani değildir. Bu durum önce kendimizi sonra çevremizi olumsuz etkiler. Temizliği ve bununla ilgili sorumluluğu çocuğa öğretirken yerinde, yeterince ve yaşına uygun davranmak gerekir. Şayet çocuk mizaç olarak daha hassas ise ve fazla uyarana maruz kalırsa takıntıya dönüşen tekrarlayıcı davranışlar göstermesine neden olabilir.

Temizlik, 2 yaşından itibaren başlayan ve çocuğun sosyalleşmesiyle hız kazanan bir alışkanlıktır. Öğretmesi sabır ve gayret ister. Eller nasıl yıkanır, ne zaman yıkanır, tuvalet temizliği nasıl olur gibi konuları çocuğa yumuşak dil kullanarak anlatmak gerekir. Bu konularda özbakım becerilerini kazanmak çocuğun kendi kendine yeterli olmasına yardımcı olur.

Çocuğunun tüm rutinlerinde belli bir program kuralına uygun hareket edenler mi?

Sürekli bir programa bağlı olmak çoğunlukla kontrol ihtiyacından gelir. Peki, gerçekten insan her şeyi kontrol edebilir mi veya etmeli midir? Aşırı kontrolün olduğu yerde teslimiyetin huzurundan bahsedebilir miyiz? Çocuğun henüz kendini konuşarak ifade edemediği dönemde bile ihtiyaçlarının nasıl da bilincinde olduğunu hiç fark ettiniz mi? Ve bir anne içgüdülerini dinler ve çocuğuyla gerçek bir bağ kurabilirse bebeği acıktığı için mi ağlıyor yoksa uykusu geldiği için mi ağlıyor ayırt edebildiğini deneyimleriz. Realite böyleyken mama saati, uyku saati gibi titizlikle yürütülen, etraftaki her şeyin süper kontrol edildiği bir ortamda ebeveyn bir gün her şeyi kontrol edemeyeceğini anladığında bu durum çocukta nasıl bir kaygıya dönüşür? Yahut gerçekten yetişkin olarak düşündüğümüzde hayatta her şeyimizi kontrol eden, acıktığımıza, üşüdüğümüze, terlediğimize, yorulduğumuza karar veren bir ebeveyn bize ne hissettirir?

Mesela annemiz bize şu anda "Sen aç değilsin, şimdi yemek yeme." "Üşüdün üstünü giy, terledin koşma!" gibi aslında bizim karar vermemiz ve hissetmemiz gereken biyolojik durumları dahi hatırlatması bize kendimizi nasıl hissettirir? Peki bunlar olmuyor muydu çocukluğumuzda? Okulda, evde, sokakta, tanımadığımız veya tanıdığımız insanlarla iletişimimizde de bolca karşılaşmıyor muyduk? Ne dersiniz bununla ilgili bir duygu düzenleme çalışması yapmaya?

FARKINDALIK ÇALIŞMASI

- Kapatın gözlerinizi ve çocukluğunuzda yaşadığınız, bu konuyla ilgili zorlandığınız bir durumu hayal edin. Size fazla müdahale eden, yaşadığınız ve sizi kaygılandıran, öfkelendiren, üzen belki anlam veremediğiniz şekilde kalbinizi yoran en baskın cümle veya olayı hatırlayın.

- Duyduğunuz cümle veya yaşadığınız olayla ilgili hissettiğiniz en baskın duygunuz hangisiydi?
- Şu anda ne kadar yoğun bu duygu? (1 ile 10 arasında bir derecelendirme yaparsanız kaç puan verirsiniz bu yoğunluğa?)
- Bu hissi düzenleyebiliyor musunuz? Düzenlemeli misiniz? Uzaklaşmalı mısınız? Hangisini tercih ediyorsunuz?
- Bedeninizde ne hissediyorsunuz?
- Bu hisse eşlik eden yıkıcı sesler, olumsuz düşünceler veya cümleler neler?
- O sesler nereden geliyor?
- Bu hisleri tarif edin ve hatta yazın.
- Kötü histen başka baskın olarak hissettiğiniz ne var?
- Bu olumsuz duyguyu bastıracak güzel bir duygu hayal edin. Nasıl uyandırabiliriz bu hissi?
- Ne değişseydi bu olumlu his daha baskın olurdu? İhtiyacınızı anlamaya çalışarak bu hikâyeyi yeniden yazsanız nasıl yazardınız?

Çocuğunun sınav başarılarını tek tek takip eden, eli belinde ihtar makinesi gibi sürekli dolaşan ebeveynler mi?

Gerçek başarının ne olduğu üzerine sayfalarca yazılabilir. Ama asıl ebeveyn olarak kendimize sormamız gereken soru çocuğumuzun başarmasına dair duyduğumuz ihtiyacın nereye dayandığıdır. Bu onun ihtiyacı mıdır yoksa bizim ihtiyacımız mıdır? Bu ihtiyacı ebeveyn olarak bizim tamamıyla

Her insan yuvasına ait olma hissiyle doğar ve güven ihtiyacını aidiyetle karşılar.

karşılamamız mümkün müdür? Ayrıca hayatta gerçek başarının aslında ne olduğunu orta yaşlara gelen herkes karşılaştığı durumlarda hissettiği duygularla az çok fark eder. Toplumun artık sınav başarısı daha yüksek insanlara değil de daha duyarlı, daha huzurlu ve daha empatik insanlara ihtiyacı var. Bunu acı tecrübelerle fazlaca deneyimledik. Ve inanın daha duyarlı çocuklar eli belinde test kovalayan bir ebeveyn eşliğinde yetişmez. Gerçek başarı da bu şekilde bir ebeveynden beslenmez. Bu durumun sebeplerinden ilki; sadece sınav başarısıyla koşullanmış yetenekleri, duyguları, ihtiyaçları görmezden gelinmiş bir çocuğun hayata dair gerçekliği kaybolur. Çocuğun yeteneklerinin görmezden gelinmesi farklılıklarının da yok sayılması anlamına gelir. Bu durum hiçbir insana kendini iyi hissettirmez. Mesela resim yeteneği çok güçlü olan bir çocuğun yeteneğini görmezden gelip ait hissetmeyeceği bir mesleğe akademik anlamda başarılı olduğu için yönlendirmek doğru değildir. İnsanın her yaşta nefes aldığını hissettiği bir uğraşı olmalı. Asık suratlı yetişkinlere dönüşmemek için buna ihtiyacımız var.

Hepimizin içinde keşfedilmeyi bekleyen bir yeteneği var. Çocuklarımız için bunu keşfetmek mümkünken doğru yönlendirmek, sınav stresinin içinden arada çıkıp nefes aldığını hissettiği alanlar oluşturmak mümkündür. Çocuğuyla empati kurmak isteyen bir yetişkin kendi hayallerine bakmalı, keşfettiği veya keşfedemediği yeteneklerine odaklanmalıdır. O zaman anlamak çok daha kolay olacaktır.

> Çocuklarımızın özgüvenli ve kendini ifade edebilen rahat bireyler olması için gösterdiğimiz çaba, aslında geçmişimizi telafi ve tedavi etme çabalarımızdır.

İkincisi; duyarlı ebeveyn çocuğunun hislerini doğru anlayan, yerinde, zamanında ve çocuğun ihtiyacına uygun cevap verebilen kişidir. Sadece sınav başarısına odaklanan ebeveyn çocuğunun duygularını kaçırabilir. Çünkü çocuk koşulsuz sevildiğini bilmeye ihtiyaç duyar. Koşulsuz sevgi ise ebeveynin de çocuğunda bunu kalpten duymasıyla mümkündür. Başarısızlığı karşısında suçlanan çocuğun özsaygısı zedelenir. Özsaygısı zedelenen çocuk ise kendine dair saygınlığı konusunda sıkıntıya düşer. Başarısını takdir etmek, başarısızlığını ise yanlışlarını öğrenmesi için araç etmek, koşulsuz sevdiğimizi her şartta hissettirmek en önemli ebeveyn rolümüzdür.

Hayatının merkezinde sadece çocuğu olan ve her şeyini ona göre belirleyenler mi?

Ebeveynlik, insan olarak bize emanet edilen birçok rolden biridir. Önemini tartışmaya hacet bile yok. Lakin ebeveynliğin tek rolümüz olmadığını unutmamak gerekir. Anne babalarımız, eşimiz ve dostlarımız için yetecek zaman var. Çünkü herkese ihtiyacımız var. Sadece çocuğumuzla tatmin edemeyeceğimiz birçok ihtiyacımız var. Bunları karşılamak için fazla ve uzun sürelere ve çokça paraya gerek yok. Küçük anlar da kâfidir.

Hayatı sadece çocuklardan ibaret sanmak, onu dünyamızın merkezine yerleştirmek ve tüm yakınlarımızın (eş ilişkisi de buna dâhil), programlarımızın "çocuk" etrafında dönmesini beklemek çocuğa da zarar vermez mi? Gerçekten bu durum mutluluğu beraberinde getirir mi? Kendi ihtiyaçlarımı ve eşimizin ihtiyaçlarını görmezden gelerek tüm hayatımızı çocuğa göre planlamak aile ilişkimize de zarar verir. Sürekli çocuğun yemek ya da uyku saatine, huyuna, ruh haline ve değişken duygularına göre hareket etmek, sadece ona odaklanıp herkesi ve kendimizi görmezden gelmek çocuğumuzun yaşı büyüdüğünde istemediğimiz sonuçlarla karşılaşmamıza sebep olur.

Hayat çocuğun etrafında dönüyorsa bu fıtri olmadığı için çocuk da durumu yadırgar. Ve farklı davranışlarla durumu yadırgadığını gösterir. Mesela her zaman onun dediği yapılsın, kimse ona hayır diyemesin, herkes onu dinlesin, herkes onunla ilgilensin ve her istediği alınsın ister. Bunlar karşılanmadığında aşırı tepkiler verir. Ailede sınırlar doğru belirlenmediyse ve çocuk ailenin merkezinde ise istekleri karşılanmadığı takdirde çocukta huzursuz ruh hali, sinirlilik, daimi mutsuzluk gibi davranışlar gözlemlenir. Arkadaş ilişkilerinde de kabul edilemez davranışları olduğu için yalnızlık çeker.

Her insan yuvasına ait olma hissiyle doğar ve güven ihtiyacını aidiyetle karşılar. Aidiyet beraberinde bağımsızlığı ve bununla birlikte de paylaşmayı, yardımlaşmayı, empatiyi, merhameti getirir. Çocuk merkezli ailelerde yaşanan en önemli problem bağımsız olma halidir. Bununla kastettiğimiz aslında tam olarak şudur; çocuk merkezli ailede her şey çocuğun isteğine göre düzenlenir, programlanır ve herkesin çocuğun isteği yönünde fedakarlık yapması beklenir. Böyle bir ailede büyüyen çocuk sosyal ortamlarda hep kendi konuşsun, dediği yapılsın, onaylansın, son sözü o söylesin ister. Bu da aslında bağımsızlığına zarar veren bir durumdur.

Çocuk sosyal ortamında grubun dışına atılmamak, bağımsız olarak istediğini ifade edebilmek ve onaya ihtiyaç duymamak, istediği olmadığında bunu duygusal ve davranışsal olarak tolere edebilmek ister. Bunlar bağımsızlığın göstergeleridir.

Çocuğa "hayır" dememek için sınır koymada zorlananlar mı?

Çocuğun kararlarına saygı duyduğunu düşünerek çocuk ne istese yapan, bir seçim yaptığını düşünerek ne söylese saygı duyan ebeveynlerin davranışını gerçekten doğru buluyor musunuz? Çocuğuna karşı aşırı hoşgörülü tutumu, olumsuz davranışlarını görmezden gelişi, sorumluluk vermek yerine sonsuz özgürlük yaklaşımı bu çocuğun gelecekte sorumluluk alması gerektiğini öğretir mi? Sorun çözme, karar verme becerilerini geliştirir mi?

Sınırlar her canlının hayatı huzurlu yaşayabilmesi için önemli bir ihtiyaçtır. Bugün birçok yetişkin kendi sınırlarını koruyamamaktan, hayır diyememekten, gönülden değil mecburiyetten yaptığı fedakârlıklar altında ezildiğinden ve kendini unutmuş olmaktan şikâyet ederek çalıyor kapımızı.

Davranışının sınırı olmayan her insan yaşamının hangi döneminde olursa olsun en çok kendine, sonra çevresine zarar verir. Duygularını, davranışlarını kontrol etmeyi öğrenen yetişkinler olmaları için çocuklarımıza rehberlik etmeliyiz. Ve en önemlisi de aslında, her insanın Hakk'a karşı haddini aşmaması, sınırlarla ilgili doğru ve tamamlayıcı bir irade eğitimi almasıyla mümkün olur.

İrade eğitimi; kişinin kendisini kontrol edebilme, zorluklara direnebilme kapasitesidir. Ayrıca kendi varlığını diğerlerininkinden ayırt etmeyi, haklarının nerede başlayıp bittiğini anlamayı sağlar. Bilgisayarı bırakamayan, hazzını öteleyemeyen, ödevlerini bitiremeyen, biyolojik bir problemi olmadığı halde dürtülerini kontrol edemeyen, zararlı alışkanlıkları bırakamayan her çocuk irade yönetimi konusunda sıkıntı yaşıyor ve sınır çizmekte zorlanıyor demektir. Hepimiz çocuğumuz hayat yolculuğunda ayakta sapasağlam kalabilsin, hazlarını erteleyip dürtülerini kontrol edebilsin ve ahlaklı davransın isteriz. Bu niyetimiz doğrultusunda irade eğitiminden bahsetmeliyiz.

Ebeveynlerini gözlemleyip davranışlarını buna göre ayarlama becerisi edinen çocuklar, belirlenen sınırlar aracılığıyla toplumsal kurallara uymayı ve sosyalleşirken de uyumlu olmayı öğrenirler.

Sınır veya irade eğitiminde en çok şurada bocaladığımızı düşünüyorum: Fikri pek sorulmamış, çok önemsenmemiş bir neslin çocukları olarak bugünün yetişkinleriyiz. Hayatımızla ve hatta bireysel ihtiyaçlarımızla ilgili çok fazla fikrimiz sorulmamış. Çiçek olup sınıfta oturmanın meziyet olduğunu düşünerek büyüdük çoğumuz. Ne istersin? Senin fikrin nedir? Bu gibi soruların fazlaca lüks olduğu bir zamana aitiz. Birisi bize "Aç mısın?" diye sorduğunda annelerimizin gözünün içine bakıp "Aç mıyım?" diye sorguladığımız ve onay aradığımız o sahnelerin baş oyuncularıyız. Ve aslında gayet iyi olduğumuzu haykırsak da, terlikle dize gelen çocuklar olduğumuzu ve bunun yararını gördüğümüzü söylesek de çocuklarımızı yetiştirirken yaralarımız da açığa çıkıyor. Sanki çoğunlukla kendi çocukluğumuzu telafi etmeye çalışıyoruz.

Çocuklarımızın özgüvenli ve kendini ifade edebilen rahat bireyler olması için gösterdiğimiz çaba, aslında geçmişimizi telafi ve tedavi etme çabalarımızdır. Bunun farkına çoğunlukla ergenlikte varırız. Artık anne babayı saymayan, "Ben ne istersem o olur!", "Hayatın merkezinde ben varım!" diye feryat eden ve kendi ihtiyaç ve duygularını da davranışlarını da disipline edemeyen bireyler yetiştiririz.

Ebeveyn olarak uyguladığımız sınırlar her şeyden önce çocuklara korundukları, güvende oldukları ve değer verildikleri duygusunu kazandırır. Mesela çocuk ne yaparsa yapsın izin veren, kendine zarar vermeyi tercih ettiğinde bile ses çıkarmayan bir ebeveynle çocuk kendini güvende hisseder mi? Siz olsanız kendinizi güvende hisseder miydiniz?

Sınırları, onaylanan ve onaylanmayan davranışları tanımlayarak çocuğa hatalı davranışlarını düzeltme, doğru davranışları çoğaltma fırsatı veren bir tutum, eğitici ve öğretici bir etkiye sahiptir.

Duvarları ısrarla boyamaya devam eden 6 yaşındaki bir çocuğa sınır koymaya çalışan anneyi düşünelim. En doğru ifade ile şu sıralamada hitap etmesi gerekir; "Ayşe, duvarı boyamanın eğlenceli olacağını düşündüğünü biliyorum. Ama duvar boyamak için değildir. Boyama yapmak için resim kağıtlarını (resim kağıtlarını işaret ederek) kullanabilirsin."

Çocuğun duygusunu kabul ettiğimiz, sınırı belirlediğimiz ve alternatif seçeneği net bir şekilde ifade ettiğimiz bir yaklaşım, sınır veya irade eğitiminde mühimdir.

Sınır eğitiminin en mühim kuralı, çocukların duygusal bütünlüğüne zarar vermemektir. "Hayır" kelimesinin sadece zikredilmesi bile çocuğa kendisini reddedilmiş hissettirir. Ayrıca baskıcı ebeveyn tutumuna da sebep olur. Onun yerine doğru ve açıklayıcı bir şekilde konulan sınırlar ve kurallar, ebeveynle çocuğun bağlanmasını mümkün kılar ve bu bağın devamlı olmasını sağlayan diyalog zeminini oluşturur. Ebeveynlerini gözlemleyip davranışlarını buna göre ayarlama becerisi edinen çocuklar, belirlenen sınırlar aracılığıyla toplumsal kurallara uymayı ve sosyalleşirken de uyumlu olmayı öğrenirler.

Sınır çizilmesi gereken durumlarda dikkat edilmesi gereken noktalardan biri de kelime seçimidir. "Lütfen, rica etsem, yalvarırım," gibi sözcükler yerine, kararlı ancak sert olmayan bir ses tonu kullanmak gerekir. Mesela "Oyuncakları toplamanı bekliyorum," demek daha sağlıklı sonuç alabileceğiniz bir diyalog için iyi bir seçimdir.

> Çocuklar hangi davranışların ebeveynleri tarafından desteklendiğini, hangilerinin onay görmediğini bilmeye ihtiyaç duyarlar.

Yüksek ses, bağırma, şiddet veya aşırı öfke ile yaklaşım çocuğunuzun kurallara uymasını kolaylaştırmaz. Aksine sizden korkmasına, size öfke duymasına yahut kaygılanmasına neden olur. Ve ilerleyen zamanlarda anne babalık becerilerinize saygı duymasını da engeller.

Çocukların kaba davranışlarını da onlara ceza vererek, kötü davranarak ve kırıcı sözler söyleyerek engelleyemeyiz. Çocukların hissettiklerini anlatmalarına izin vermeli, olumsuz davranışlarını sınırlandırmayı öğretmeliyiz. Çocuk yaşadığı dünyanın kurallarını bilmez ve sadece öğrenmeye ihtiyaç duyar.

Sınırlar ve kurallar bu hususlara dikkat edilerek doğal süreçte belirlendiğinde çocuğun yaş gelişimine göre olması gerektiği kadar izah edilmelidir. Dolayısıyla ifadelerimiz ve sınır koyma biçimlerimiz yaş grubuna göre değişmelidir. 0-4 yaş arasındaki bir çocuğa ne kadar uyaran verirseniz verin sizi duymayacaktır. Dolayısıyla hayatı, evi ona göre düzenlemekte yarar vardır. Sadece hayati durumlarda müdahale etmek ve "Dur, yapmamalısın!" gibi çıkışları buralarda kullanmak gerekir: Ateşe elini götürürse prize elini sokarsa, ağzına olmadık bir şey atarsa…

Merak döneminde keşfetmek için yanıp tutuşan çocuğa fazla sınır koymak, tepki vermek gelişimi açısından doğru değildir.

"Dur koşma düşeceksin!", "Aman dikkat et çarpacaksın!", "Kaç kere söyledim bu duvarı boyamayacaksın!" gibi cümleler kurmanın çocuk için bir anlamı da yoktur. Keşif döneminde olan çocuklarda merak dürtüsü çok yüksektir ve gelişimi için denemeli ve keşfetmelidir. Bu hayat deneyimi onun nörolojik ve fiziksel gelişimi için oldukça kıymetlidir. O nedenle bu yaş grubu için bulunduğu ortamı ona göre kıymetlendirmek gerekir.

4 yaştan sonraki gelişim sürecinde sınırlar yavaş yavaş genişletilerek çizilmelidir. Sorumluluk vermek de sınır çizmekle birebir bağlantılı bir konudur. 5 yaşındaki bir çocuğa sabah "Bak bu yatağın örtüsünü böyle örtebilirsin artık," diyerek nasıl olacağını göstermek ve onun sorumluluk alanındaki bu işe sonrasında içinize sinmese bile kesinlikle müdahale etmemek gerekir. Bu yaş grubundaki çocuk 7 yaşına kadar bilişsel bir tutarlılıkla size karşılık da veremeyecektir. Yani bir gün oyuncaklarını topluyorsa diğer gün toplamayacaktır. Bilişsel olarak hazırlık safhasında olduğu için bir sonraki evre ne olursa olsun yaşına uygun cümlelerle sınırları belirlemekte ve sorumluluk vermekte gayretli ve istikrarlı olmak gerekir.

5 yaşındaki bir çocuğa duvarı çizmemesi gerektiği uzun cümleler, algılayamayacağı kelimelerle anlatılmamalıdır. Uzun uzun nedenlerle açıklamaya çalışmak bazen vermek istediğimiz mesajın çocuğunuza geçmesini engeller. Veya çocuğu ikna etmeye yönelik bir davranışa dönüştürür.

Mesela "Sanırım bir şeyler çizmek istiyorsun, bu evde duvarlar çizmek için değil ama istersen kağıdı boyayabilirsin."

Ya da "Oyunun bittiğinde oyuncakları toplamanı istiyorum." Çocuğunuza etrafı nasıl toplayacağını da öğreterek sınırlandırma yapabilirsiniz. Yani aynı örnekten gidersek "Bak şu dinazorları kırmızı sepete, arabaları da mavi sepete koyalım," gibi yönergeler ile başlayabilirsiniz.

Çocuğun 6 yaşından sonra daha soyut döneme geçebilmesi sebebiyle kurallara neden uyması gerektiğini, duygularını ve ihtiyaçlarını da detaylandırıp sorgulatarak, muhakeme etmesini sağlayarak ve bunlara rağmen davranışında ısrar ediyorsa mahrum bırakma yöntemini de teklif ederek durumu daha iyi ifade etmek gerekir. Mesela "Senin daha fazla teknoloji ile vakit geçirmeni doğru bulmuyorum. Sence bunun sebebi ne?" diye sorularak başlanabilir. Ya da çocuğa duygularını da anladığımızı hissettirerek; "Anlıyorum çok heyecanlısın, bırakmak istemiyorsun. Bununla birlikte saate bakıyorum süren dolmuş ve artık bırakman gerek. Hafta sonu daha fazla vaktin olacak. Şimdi bilgisayarı kapatmayı seçmezsen yarın oynamamayı da seçmiş olursun."

12 yaşından sonra ise çocukla istişare yaparak kuralları mantık çerçevesinde ona izah etmek ve kurallara beraber karar vermek gerekir.

Çocuğu cesaretlendirmek, hangi davranışlarına izin vereceğinizi konuşmak ve asla tolere edilmeyecek yanlış davranışları bu yaş grubunda sebeplerini ona sorgulatarak öğretmek gerekir. Çocuklar hangi davranışların ebeveynleri tarafından desteklendiğini, hangilerinin onay görmediğini bilmeye ihtiyaç duyarlar.

Çoğunlukla "Tutarsız Ebeveyn Tutumlarının" doğal bir sonucu olarak davranışlarda belirsizlik gelişir. Bu durum çocukta içsel bir karmaşaya yol açar. Burada ebeveynin hem kendi içindeki hem de ebeveynler arasındaki istikrarı önemlidir. Aynı davranışa bazen "evet" derken bazen "hayır" demek, yahut annenin "hayır" dediğine babanın "evet" demesi çocuğun bütünlüklü bir kişilik geliştirebilmesinin önündeki engelleyicilerden biridir. Böylesi bir durumda çocuk için doğru davranış net değildir. Yapacağı şeyin anne babası tarafından nasıl karşılanacağının belirsiz olması, kendinden emin olamama gibi bir karakter özelliğine dönüşebilir. Bu da kaygıyı ve kaygı temelli davranış problemlerini beraberinde getirir.

Çocuğun güvenilir ve doğru davranışların sınırlarını ebeveynlerinden öğrenmesi güvenlik ihtiyacını da karşılar. Tutarlı ve kararlı bir ebeveynin doğruları karşısında sınırlarını öğrenen çocuk, kendini daha güvenli hisseder ve kurallar netlik kazanır.

Çocuğu düşmesin, canı yanmasın, hayal kırıklığına uğramasın diye tüm hayatını steril hale getirenler?

Hayatı boyunca anne babanın çocuğunu her tehlikeden koruması mümkün mü veya doğru mu? Çocuğu belli ölçüde korumak elbette oldukça refleksif bir davranış. Lakin bunun abartılması çocuk için oldukça tehlikelidir. Çocuğa kendisini korumasını öğretmek daha akli bir tercihtir. Her insanın kendini koruyabileceği bir mekanizma (biyolojik bir rahatsızlık söz konusu değilse) mevcuttur. Önemli olan çocuğun mevcut olan bu koruma sisteminin farkında olması, tehlikeyi doğru algılamayı öğrenmesidir. Zorluklarla nasıl mücadele edebileceğini, düşebileceğini, yaralanabileceğini ama ayağa kalkmanın her zaman mümkün olduğunu, yaraların iyileştiğini hissettirmek çok daha mühimdir.

Bu koruma içgüdüsünü çevreleyen durum aslında çoğu zaman kontrol arzusudur. Günümüz insanı kontrol odaklı yaşar. Kontrol edemediği durumlara karşı tahammülü azalmıştır. Daha steril çevreler, steril insanlar, steril okullar tercih edilir çünkü ebeveyn kontrol edemeyeceği herhangi bir şeyle karşı karşıya kalmasın ister. Peki, bu mümkün müdür? Karşı karşıya kaldığımız kitlesel salgının içinden geçerken çıkardığımız en önemli ders bu olmalı sanırım.

> Her şeyi kontrol edemeyiz, ettiğimizi sandığımız an büyük bir yanılgıyla karşı karşıyayız demektir. Kontrol edemediğimiz küçücük mikrop karşısında nasıl aciz olduğumuzu, çaresiz kaldığımızı hepimiz deneyimlemedik mi? Bu hayatımızda kaygılarımızı, korkularımızı gün yüzüne çıkarmaktan başka nasıl bir sonuç çıkarmamızı sağladı?

Düşünsenize hangimiz çocukken özgürce dışarıda, mahallede,

çocuk oyunlarında düşüp yaralanmadık? Sahici yaralanır, sahici iyileştirirdik birbirimizi. Şimdi yanımızda olunca güvende olduğunu sandığımız elindeki ekranla kontrolü mümkün olmayan bir dünyaya teslim ettiğimiz çocuğumuzun yaraları iyileştirilmesi çok zor olan yaralardan. Bizler çocukluğumuzda risk alarak, keşfederek, sorunlarımızı çözmeye çalışarak yol alırken çocuklarımızın çocukluğunda bu sahici yaşantılar var mı? Kimsenin söz söyleyemediği, gözünün üstünde kaşın var bile diyemediği, büyüklerin bile sözlerine büyük tepkilerle müdahale ettiğimiz bir ebeveynlik algısında çocukların sabır eşiği, irade mukavemeti, sorun çözme becerileri ve duygusal dayanıklılıkları nasıl güçlenecek?

Ne dersiniz, kendi çocukluğumuzun sokaklarında karşılaştığımız duygusal ve fiziksel durumlara yakından bakmaya?

FARKINDALIK ÇALIŞMASI

- Elinize bir kalem kağıt alın, çocukluğunuzun sokaklarını adımlamaya hazırlanın. Sahici duygularınıza ve yaşadıklarınıza bir kez de buradan, durduğunuz yerden bakalım.
- İlk aldığınız yara neydi?
- Neler hissetmiştiniz?
- Yanınızda kimler vardı?
- Kimler size yardımcı olmuştu?
- İlk utandığınız durum neydi?
- İlk öfke duyduğunuz olay neydi? Nasıl sakinleştiniz?
- Korktuğunuzda veya incindiğinizde ebeveynlerinizin duygularınızı nasıl yönlendirdi?

- Yaşadığınız evde bir sorun olduğunda açık bir iletişim kurabiliyor muydunuz?
- Kim olduğunuz veya olmanız gerektiğiyle ilgili çevreden aldığınız mesajlar var mıydı?
- Sevgi ve onaylanma ihtiyacınızın karşılanması için ne tür eylemlerde bulunuyordunuz?
- Kendiniz özgür ve güvende hissediyor muydunuz? Yoksa parmak uçlarında yürür gibi temkinli miydiniz?

İnsan hayatında çok az şeyi kontrol edebilir. Kontrol etme çabası yorucu ve yıpratıcıdır. Elinin yetişebildiği ve olması gerektiği kadarını düzenleyebilir, elbette insan bu konuda bir şeyler yapabilir lakin bunun bir sınırı vardır. Bu bilinçle her ebeveyn acziyetini fark edip çocuğuna kendi hayatıyla ilgili ve çocuğunun gelişimine göre, sorumluluğu kadar alan açmalı ve ona izin vermelidir. Böylece çocuğunun hayatı boyunca ihtiyaç duyacağı kendini koruma kabiliyetini de ona emanet etmiş olacaktır.

Çocukları sorumluluk sahibi biri olarak yetiştirebilmek için takip edilmesi gereken adımlar şöyle olmalıdır; sorumlulukları düzenli bir şekilde vermek, seçim hakkı sunmak, problem çözmelerine izin vermek ve bedel ödetmek. Düzen olmasından kastım net sınırların çizilmiş olması ve bu konuda kararlı durmaktır. Belli rutinlerin olması, ebeveyn alışkanlıklarının veya düzeninin tutarlı ve belirli olması demektir. Net davranışların olduğu, rutinlerin doğal ahenginde seyrettiği bir ailede çocuk için sorumlulukların bir anlamı olacaktır. Yemek saatinde yemek yenmesi, uyku rutinin oluşması; yani anne babanın duygularına göre karar vermediği bir düzen, sorumluluk kazanımı için de önemlidir.

Diğer en önemli husus ise; çocuğun seçtiği davranışının sonucuna (bedeline) katlanmasına izin vermektir. Bu durum, ceza vermekten çok farklıdır. "Yemek yemedin sana tatlı yok," bir cezadır." Ya da "Dersini çalışmadın, sana tablet yok," da bir cezadır. Amacımız çocuğa acı çektirmek değildir. Sadece davranışının sonucundan ders çıkarması için seçiminin sonucunu deneyimlemesidir. Davranışının doğal sonucuyla yüzleşmesi önemli bir püf noktadır.

Mesela "Madem yemek yemedin aç kal o zaman!" şeklinde bir cümle kurulup aç bırakılmamalıdır. "Yemek yememeyi sen tercih ediyorsun, o zaman acıkıp yemek yemek istediğinde yemeğini kendin yapmalısın," şeklinde bir dönüş yapmak gerekir.

Diğer bir önemli nokta ise çocuğun problemini çözmesine izin vermektir. Mesela yere bir şey döken çocuğun döktüğü şeyi ebeveynin temizlemesi, odada dağınık duran eşyaların ebeveyn tarafından toplanması, yemek seçen veya yemek istemeyen çocuğun tercihlerine göre hareket edilmesi, çocuğun kendi problemlerini kendisinin çözmesine izin verilmediğini gösteren birkaç sıradan örnektir.

Sorumluluk kazanımında yaş grubu çok önemlidir. 0-2 yaş gru-

Sorumluluk eğitiminin doğru kazanılması neticesinde çocuk, davranışlarının sonuçlarıyla yüzleşebilen, kendi ayakları üzerinde durabilen, kendini koruyabilen bir yetişkin olur.

bu henüz sorumluluk eğitimi verebileceğimiz bir dönem değildir. Ondan sonraki her dönem için çocuğun gelişimine uygun düzeyde yapabileceği işleri ona derece derece bırakmak gerekir.

Çocuğun gelişimine uygun sorumluluklardan bahsederken çocuğa yapabileceği kadarını vermeyi kast ediyorum. Çünkü çocuğa yapabileceğinden fazla sorumluluk yüklemek de doğru değildir. Evin büyük çocukları, kardeşleri dünyaya geldiğinde yaşları kaç olursa olsun hemen büyütülürler. Ve hayatları boyunca o sorumluluğu omuzlarında yük gibi taşırlar. Çocuğa yaşına uygun sorumluluk vermek hem yapabilmesi hem de gücünün yetebilmesi açısından önemlidir. Ancak sorumluluk eğitiminin doğru kazanılması neticesinde çocuk, davranışlarının sonuçlarıyla yüzleşebilen, kendi ayakları üzerinde durabilen, kendini koruyabilen bir yetişkin olur.

Çocuklar zamanı gelince kozadan çıkmaya çalışan kelebek gibi kozayı yırtmaya ve kanatlanmaya çalışır. Ama kendi çabası ve gayretiyle. Rahat uçsun diye iyi niyetle yapılacak her fazla ve aşırı müdahale kanatlarına zarar verir. Ebeveyn olarak koruma içgüdüsüyle yaptığımız her aşırı davranış çocuğumuzun kanatlanmasına, kabiliyetlerini keşfetmesine engel olur.

Tüm bu tariflere baktığımızda kendimize sormalıyız;

Günümüz dünyasında bu sıraladığımız özelliklere sahip bir canlı gerçekten var mı? Ya da daha önemli bir soru: Gerçekten siz tüm bu niteliklerin hepsine birden sahip olmak ister misiniz?

Duruma biraz daha yakından bakıp daha empatik yaklaşalım mı? Sorumuz şu: Siz ebeveyn değil de çocuk olsaydınız böyle bir anne ya da babayla hayatta yol almak ister miydiniz?

Peki, nereden geliyor bu mükemmel olma hayali? Bunun birçok kaynağı var pek tabii ki lakin son zamanlarda çoğunlukla mükemmeliyetçiliğimizi besleyen önemli kaynaklardan biri sosyal medya dediğimiz kaostur. İnsanların hayatlarının sadece olumlu taraflarını sergiledikleri ve mahremiyetin kalktığı bu mecrada maalesef herkes birbirinin seyircisi ya da amiyane bir ifadeyle gizli röntgencisi. Bu seyir hali bir süre sonra kişinin kendi gerçekliğini ve hayatını sorgulama haline dönüşür. Böyle olduğunda işler çok da umulduğu gibi gitmez. Mesela birisinin mutluluk halinin sürekli olması ve orada sürekli mutlu anne olarak görünmesi bazen bazılarında "Ben neden böyle değilim?" "Ben neden yetemiyorum?" hissi yaratır. Bu da aslında daha iyi olmak için çaba sarf etmesi gereken insana, kötü duygular hissettirdiği için iyi gelmez.

Ekran karşısında gördüğü sanal karelerden etkilenen ebeveyn "Acaba ben yeterli miyim?" düşüncesi ile kendisini diğer annelerle kıyaslayan, kendi çocuklarının becerilerini diğer çocuklarla karşılaştıran biri haline gelir. Bir ihtimaldir ki daha iyi olmak için çaba sarf etmeye de başlayabilir. Lakin hep daha iyi olmak için çaba sarf ederken sınırlarını zorlaması sebebiyle öfkelenen kişi, farkında olmadan değersizlik duygusunun içine de düşebilir. Başkalarına hep "iyi görünme" ve "hep görünme" çabasında olan anne babalar "görünür" olmaktan öteye geçemezler. Hatta mükemmel görünme çabası çocuğun asıl ihtiyaçlarını ıskalamayla sonuçlanır çoğu zaman.

Çocuğunuz Sizin Her Şeyiniz mi?

Çocuğa belli kazanımlar sağlarken ebeveynin bakış açısı da büyük önem taşır. "Çocuğum her şeyden değerli, kendimi adadığım ve benim en iyi arkadaşım, her şeyim," düsturuyla hareket eden ebeveynler, evlatlarıyla ilişkilerinde sınırları korumakta zorlanır ve ergenlik döneminde de otorite olarak ilişki kurmakta sıkıntı yaşarlar. Bu noktada ebeveynlerin kurduğu iki kritik cümle vardır.

"Çocuğum benim en iyi arkadaşım."

"Çocuğum benim her şeyim."

Arkadaşlık meselesi çok sık duyduğumuz, doğru sandığımız

bilinçli bir şekilde tercih ettiğimiz bir iletişim modelidir. Çok olumlu bir yaklaşım gibi görünse de aslında hiçbir çocuk ebeveynin sadece arkadaşı olmasını tercih etmez. Bu işin doğasına ve özüne de aykırıdır. Çünkü ebeveynlik rolü ile arkadaşlık rolü birbirinden oldukça farklıdır. Ebeveyn ve arkadaş statüsü sınır, sorumluluk ve iletişim konusunda farklılık gösterir.

Çocukların anne babalarının otoritelerine, sınırlarına daha önce de ifade ettiğimiz gibi ihtiyaçları vardır. Anne baba olmak demek çocuğa bağ kurabileceği, bunu güçlendirebileceği etkin vakit geçirme fırsatı oluştururken sınır çizilmesi gerektiği ya da durması gerektiği zamanda çocuğa durabilmeyi öğretme sorumluluğunu da kapsar.

Bir diğer mesele de çocuğa hayatını adamaktır. Biz bu tip ebeveyni genelde evde saçını süpürge eden anne figürü olarak görürüz. Ne demek kendini adamak? Duygularını, ihtiyaçlarını, bedenini, işini, hobilerini, arkadaşlarını, ilişkilerini, eşini bir köşede yıllarca bekletip sadece çocuğunun ihtiyacına odaklanmak, ilgisini çocuğuna vermek ve sadece onun sağlığına özen göstermektir. Çocuk istiyor diye gezi planlarını sadece onun ilgi ve ihtiyaçlarına göre yapmak, onunla yatmak, onunla kalkmak, çocuk istemiyor diye kendine ve eşiyle önemli planlarını ertelemek, hayatı her anlamda çocuğa göre yaşamaya çalışmak çocuğun da istediği bir tutum değildir oysaki. Çocuk annesi veya babası tarafından hemen ihtiyaçlarının veya isteklerinin karşılanmasıyla kendisini önemsememeyi öğrenmiştir. Ve bu çocukların maalesef empati becerileri de gelişmez.

Çocuk hayatının ileri safhalarında ihtiyaçlarının başkaları tarafından anında karşılanmadığını görünce bunu anlamlandırmakta zorlanır. Veya dünyanın kendi etrafında döndüğünü düşünüp bencilleşebilir. Öyle bencilleşir ki yaşının ilerlediği dönemlerde "Ben mi istedim yapmasaydın, bana mı sordun yaparken?" diyebilir çocuk. Yahut "Herkese karşı iyi de bana karşı çok zorlayıcı ve değersizmişim gibi davranıyor," diye düşünebilir anne. Kendinden vazgeçen bir ebeveyn, sevdikleri için hep kendinden veren ama gönülden veremeyen bir yetişkini hayata hazırlıyor olabilir. Bu durumun insanda bıraktığı farklı ve yorucu bir sürü duygu vardır. Bu, durumun çocuğa bakan cihetidir. Ebeveyne bakan ciheti ise farklıdır.

Özellikle annelerde fazlaca karşılaştığımız kendini çocuğuna adama durumu yaş ilerlediğinde bastırılan duyguların, geciken ihtiyaçların bıraktığı duygusal kırgınlıklar ve yorgunluklar sebebiyle psikosomatik rahatsızlıklarla sonuçlanabilir.

Çocuğun kendini gerçekleştirmesini, başkalarını yok saymamasını, düşünmesini, merhamet etmesini, empati geliştirmesini; kendisinin, acziyetinin, ihtiyaçlarının, isteklerinin ve kendini yaratanın farkında olmasını istiyorsak ebeveyn olarak çocuğu merkeze koyma, kendini çocuğa adanma durumuna dikkat etmemiz gerekir.

Özetle değerlendirdiğimizde, ebeveynler kafalarında oluşturdukları kusursuz anne baba imajına erişmek için gereksiz bir strese girerler. Günün sonunda zihinlerinde yarattıkları "süper anne" ile "gerçekte olan anne"yi karşılaştırdıklarında da aradaki boşluk ne kadar fazla ise o kadar mutsuz olurlar. Ne yazık ki bu anneler mükemmel olayım derken tükenmişlik kapılarını da kendi elleriyle aralarlar.

Şundan eminiz ki hayatta hiç kimse mükemmel değildir ve olmak zorunda da değildir. Mükemmel olma arzusu insanı yola çıkmadan yorar. Yeterince iyi ebeveyn olmaya odaklandığımızda ise hata yapabiliriz ama hatalarımızı düzeltebiliriz, hatalarımızdan ders çıkarabiliriz. O halde mükemmel ebeveyn olmanın hayalini kurmak yerine yeterince iyi ebeveyn olmaya niyet edelim mi?

Yeterince iyi ebeveyn çocuğunun hata yapabileceğini, düşebileceğini, düştüğünde tekrar ayağa kalkabileceğini öğretir.

Yeterince İyi Ebeveyn Kimdir?

Aslında çok tanıdık, evimizden biri gibi, yıllar öncesinden ya da bugünden? Lakin yeterince iyi ebeveynin varlığından bahsedebilmemiz ve onu tasvir edebilmemiz için öncelikle başka bir soruya cevap vermeliyiz: "Bir çocuğun neye ihtiyacı vardır?" Ancak ihtiyaçlarından haberdar olduğumuz bir çocuğun yanında yeterince iyi ebeveynden bahsedebiliriz.

- Peki çocukların ihtiyaçları nelerdir?
- Çocuğun güvende hissetmeye,
- Başkaları ile bağlanmaya,
- Özerkliğe,
- Öz saygıya,
- Kendini ifade ettiği hoşgörülü bir ortama ve
- Doğru sınırlara ihtiyacı vardır.

Dolayısıyla yeterince iyi ebeveyn bu ihtiyaçların farkında olup çocuğu güvenle kucaklayan, güvenle sınırlandıran kişidir diyebiliriz. Başka bir deyişle doğuştan ikram edilen içgüdüsel bağa teslim olan kişi olarak da tarif edebiliriz. Egodan bağımsız üstlenilmesi gereken bir rol ya da sıfattır.

Düşünsenize ebeveynlik sürekli takdir beklediğimiz ya da mükemmel olmak zorunda olduğumuzu hissettiğimiz bir rol olsa nasıl hisler bırakırdı kalbimizde? Başkalarının alkışlarını izleyerek büyümenin kırgınlığını yaşadınız mı hiç? Ya da onay arzusuyla yanıp tutuştuğunuz, alamadığınızda yetersizlik hissiyle boğulduğunuz oldu mu? Anne olmak herkesi ikna etmek midir? Bu mümkün müdür? Her şey, her zaman istediğimiz gibi gider mi?

Henüz anne olmanın ilk adımını atmışken bebeğine normal doğumla kavuşma hayali kuran kaç anne olağanüstü durumlar yüzünden sezeryana yönlendirilmedi ki? Yahut kaç kişinin "Çocuğumu şu kadar yıl emzireyim ki güvenli bağlanma gerçekleşsin," diye düşünüp (sanki tek bağlanma yolu buymuş gibi) stres veya çeşitli biyolojik sıkıntılar yüzünden bebeğini emzirmesi mümkün olmadı? Mükemmeliyetçi ve aşırı dikkatli kaç anne hiç de hesap etmediği sonuçlarla başa çıkmak zorunda kaldı?

Kişinin kendi egolarını parlatmak, bir anlamda kendi değerini güçlendirmek, çevreden övgüler almak, örnek gösterilmek için anneliği bir araç olarak kullanmadığından emin olması gerekir.

Sosyal medyada "var olabilmek" pahasına paylaşımda bulunmak için çocuğuyla oyun oynaması, paylaşım için çocuğunu giydirmesi, koşturması, onunla ilgilenmesi işin doğasına aykırı olduğundan çocuk da bunu hisseder. Ve hiç doğru sonuçlar çıkmaz ortaya.

Yeterince iyi ebeveyn, hayatın ve gelişiminin doğal akışına güvenir, aşırı kontrolcü ve steril değildir.

Bağımlı değildir, bağlıdır. Yeterince iyi ebeveyn ikisinin arasındaki ayrımı yapmanın, çocuğun hayata tutunması için ne kadar gerekli bir durum olduğunun farkındadır. Öncelikle nedir ikisi arasındaki fark, ona bakalım:

Bağ odaklı ebeveynlik Bowlby'nin bağlanma temeli üzerine kurulmuştur. Bowlby bağlanmayı şöyle izah eder; bir bebeğin birincil bakım veren ebeveynine arzu ettiği yakınlığı fiziksel ve ruhsal olarak kurmak ve devam ettirmek için gösterdiği her davranıştır. Güvenli bağlanmayı sağlıklı geçiremeyen çocuk ise bağımlı olmaya meyillidir. Bağımlı olan çocuk, gelişim dönemi özelliklerinin aksine annesinden ayrılmaya dirençlidir. Güvenli bağlanmayı gerçekleştiren çocuklar ise başlangıçta hafif kaygılansalar da annelerinden rahatlıkla ayrılmayı başarabilirler.

Güveli bağlanma başarılı bir şekilde gerçekleşmediğinde telafisi mümkündür ama daha zor olacaktır. O nedenle çocuğun gelişimindeki ilk 2-3 yılı kaçırmamak gerekir.

Kaçırılan Bağlanma Süreci Nasıl Telafi Edilir?

Çocuğun ilk 1 yılı oldukça önemlidir. Bu süreçte çalışan annelerin izin alma imkanı olursa bu süreci bebekleriyle bol temas kurarak birlikte geçirmelerini tavsiye ederim. Şayet izin almak mümkün değilse veya şartlar uygun değilse, bebeğe bakacak kişinin (tek kişi olmasına dikkat ederek) annenin de dahil olduğu bir süreçte bebekle bağ kurmasına izin vermek gerekir. Annenin yokluğu durumunda bebeğe bakım verecek ebeveynin bireysel olarak bağ kurma sürecini geçirmesi gerekir. Bu noktada çalışan annenin iç sinyallerini de doğru yönlendirmesi önemlidir. Kaygıları neticesinde tutarsız ve sınırsız bir ilişki kurarsa, ebeveyn duruma vicdan azabı ile yaklaşırsa bu ilişki çocuk için tercih etmediğimiz sonuçlar doğurabilir. Çocuğun yanında bulunduğunda tam olarak anda ve orada olabilmesi, bağlanmanın desteklenmesi, devamı ve sağlığı için oldukça kıymetlidir.

Yeterince iyi ebeveyn; başına gelebileceklere razıdır, çocuğunu kendisine emanet edenin verdiğine razıdır. Dolayısıyla kontrol edemeyeceği birçok şey olduğunun da farkındadır. Başına gelen her şeyi teslimiyetle karşılar. Çocuğunu steril ve sıkıntısız büyütmek için kendini, eşini ve çocuğunu yoran bir kontrolcülüğe ihtiyaç duymaz.

Kontrol duygusu; kaygı ve güvensizlik duygusunun yoğunluğuyla bağlantılıdır çoğu zaman. Başkalarını kontrol etmek, onlar için çok şey yapmak, kişinin kendini sakinleştirme yöntemi de olabilir. Kaygılarımızı fark ederek, azaltmak için gayret ederek yahut kontrole bizi teşvik eden reflekslerimizin anlamını keşfederek kontrolcülüğümüzü azaltmak mümkün. Eğer azaltamayacak kadar yoğunsa uzman desteği almamız gerekir.

Düşünsenize hayat nedir ki? Zikzaklardan, iniş çıkışlardan, düşüp kalkmalardan ibaret değil midir? Ve aslında insanın yaşaması için bu iniş çıkışlara ihtiyacı yok mudur? Çocuklarımız düşmeden, yaralanmadan, acı çekmeden, kardeş kavgası yaşamadan, mutsuz olmadan, yokluk görmeden hep en iyi şartlarda büyüsünler ister, onları kötü durumlardan yalıtmaya çabalarsak karşımıza nasıl bir sonuç çıkar? Zikzaksız bir hayatın neticesi, en ufak problemde pes eden, sorumluluklarını bilmeyen ve sabredemeyen nesil olduğunu görmeliyiz. Çocuğu sabredebileceği doğal durumlardan uzak tuttuğumuz takdirde değerler eğitimi adı altında "sabrı" öğretme çabalarına girip etkinlikler yapmak nafiledir. Ebeveyn izin verdiği takdirde çocuğunun doğal öğrenişlerine şahit olur. Zaman geçirir ve şefkat gösterir. Taşıyamayacağı sorumlulukları paylaşabilir, bir işi çocuğu yerine yapmaktansa ona sorumluluklarını yerine getirmeyi öğretir. Kendini ve çocuğunu diğerleriyle kıyaslamaz çünkü bilir ki her çocuk da ayrı bir kitap, ayrı bir mizaçtır ve kendi hikâyesiyle gelir. Ve kendisine has bir imkân ve imtihan sürecinden geçer. Bunun bilincinde olan ebeveyn, evladının mizacına saygı duyar, kime göre çocuk yetiştireceğiz kaygısı barındırmaz. Çocuğunun fıtratını bozmadan, kendi yolunu bulmasına yardımcı olarak yol arkadaşlığı yapar.

Marshall Rosernberg muhteşem bir sözünde şöyle der:

"Kimimizin tembel dediği,
Kimimize göre yorgun ve gamsızdır.
Kimimizin aptal dediği
Kimimize göre farklıdır."

Tercih edeceğiniz en doğru davranış doğumdan itibaren çocuklarınızı ölçülü bir şekilde korumak, özerkliklerini zedelemeden kontrol etmek, olumsuz duygularla da tanışacağının bilincinde olup o duyguları yaşayabilmesi ve o duygularla başa çıkabilmesi için alan açmak, fırsat vermektir.

Yeterince iyi ebeveyn çocuğunun hata yapabileceğini, düşebileceğini, düştüğünde tekrar ayağa kalkabileceğini öğretir. Özgüvenini yükseltmek ve en önemlisi onu takdir ettiğimizi hissettirmektir.

Velhasıl özetlemek gerekirse yeterince iyi ebeveynin çocuğunu olduğu haliyle sevmesi, farklı ve özel olduğunu hissettirmesi ve mizacını anlayıp ona uyum sağlaması aradaki ilişkinin ehemmiyeti açısından önemlidir.

İhtiyaçlara Duyulan İhtiyaç

"Keşif için çıkılan yolculuklar yeni yerleri görmekle değil, yeni gözlerle bakabilmekle başlar."

Proust

Rahmetli Doğan Cüceloğlu hocamızın çok güzel bir sözü var: "Benim çocuğum benim beklentilerimi gerçekleştirmek için değil, kendi hayallerini keşfedip onları gerçekleştirmek için yaşamalı." Sahip olmak istediğimiz değil, sahip olduğumuz çocuğu olduğu haliyle kabul edip yetişmesine eşlik etmemiz gerekir.

Şu an yaşadığımız her olaydan sonra hissettiğimiz her duygunun mutlaka bir sebebi var. Ve bunun sorumlusu karşı tarafın yaptığı davranışlar ya da yargılar değil. Karşılanmadığını hissettiğim ihtiyaçlar ve duygulardan sadece insan olarak bugün burada "ben" sorumluyum. Biliyorum ki bu anlamlandırışları değiştirmek ve yola, kendini daha iyi ifade ederek devam etmek de benim elimde. Kırmadan, incitmeden, kendimi helak etmeden önce kendi ihtiyaçlarımı karşılamak, sonra bana emanet edilen yol arkadaşlarıma yardımcı olmak da benim elimde.

İhtiyaçlar derken tam olarak ne kastediyoruz? Aciz bir varlık olan insanoğlunun sayısını veremeyeceğimiz kadar çok ihtiyacı var. Ve bu ihtiyaçlara bağlı olarak gelişen duyguları. İhtiyaçları karşılandığında ve karşılanmadığında hissettiği duygular aslında onun yol göstericileridir. Yani hayatta kalabilmesi, konforlu bir hayat sürebilmesi, huzuru hissedebilmesi için duygularına kulak kesilip gerçek ihtiyaçlarını fark etmesi gerekir. Ancak davranışların bize bakan ilk yüzünü değil, o davranışın arkasında o duyguyu hissettiren gerçek ihtiyacının ne olduğunu bulması gerekir. Bu ihtiyaçlarımız çoğu zaman çocuklukta karşılanmayan, ihmal edilen duyguların birikmesiyle karşılanmayan ihtiyaçlar listesini oluşturur. Mesela kendini defalarca annesine anlatmaya ve konuşmaya çalışan çocuğun annesinin sürekli onu geçiştirdiğini, dinliyormuş gibi yaptığını düşünelim. Çocuk ne hisseder böyle bir durumda? Öfke, çaresizlik, üzüntü vs... Peki bu duygular neyin habercisidir? Tabii ki karşılanmayan ihtiyaçların habercisidir. Çocuğun var olma, görülme, duyulma, değerli olma ihtiyacının karşılanması gerekir. Karşılanmaması durumunda ise hayatı boyunca insan o ihtiyaçlarını karşılama çabasına ve mücadelesine girecektir. Bu da insan için oldukça hırpalayıcı ve yorucu bir süreçtir.

Çocuğumuzla iletişim kurarken bazen yargılarımız devreye giriyorsa oraya dönüp bir bakmamız gerekir. Bu kayıt, karşılanmamış bir ihtiyaçtan kaynaklanıyor olabilir mi? Çünkü onu hatırlamak farkında olmayı beraberinde getirir. Bu farkındalık da iyileşmenin en önemli adımıdır.

Hepimiz fiziksel ve ruhsal fazlaca ihtiyaçla geliriz dünyaya. Hayat yolunda mesafe kat etsek de, yaşımızı ilerlese de ihtiyaçlarımız azalmaz, yok olmaz. İnsan olarak her yaşta, her şartta rollerimize de uygun olarak bir sürü ihtiyaçla karşı karşıya kalırız. Ebeveyn olarak ihtiyaçlar konusundaki en önemli eşik çocuğumuzun ihtiyacının farkında olup kendi ihtiyaçlarımızla onun ihtiyaçlarını ayırmaktır.

Kendi ihtiyaçlarımızı belirlerken tek bir doğru cevap yoktur. Anlamak, kendi doğru cevabımızı bulmak için bazı sorular sormalıyız kendimize:

- Çocuklarımın en çok hangi hareketleri beni öfkelendirir?
- Annem ya da babam ne söylerse en başa döndüğümüzü hissederiz?
- Eşimin hangi davranışlarına tahammül ederken zorlanırım?
- Ne zaman, hangi duyguları hissettiğim de ilişkilerim sonlanır?
- Çocuğumun karnını titizlikle doyurmaya çalışırken benim nasıl bir ihtiyacım olabilir?
- O uyusun diye diretirken acaba nasıl bir hayalim var? Hayalimin ardındaki ihtiyacım ne olabilir?

Bu soruların cevapları bana kendi ihtiyaçlarımı haber verir. Özen, alan, nezaket, değerlilik, iş birliği, dinlenme, yardım, destek, saygı gibi ihtiyaçlarımı görmemi sağlar. Kendini tanımak, kendinin farkında olmak kişiye vereceği kararlarda yol gösterir. Kendi ihtiyaçlarının farkında olan her ebeveyn çocuğunu herhangi bir şeye zorlamaz, çocuğunun ihtiyaçlarının da farkında olur. Ve iki tarafın da ihtiyaçlarının karşılanabileceği bir yol vardır. Çocuklarımızın da bazı temel ve doğal ihtiyaçları vardır.

Çocukların Temel İhtiyaçlarına Yakından Bakmak

Dünya değişiyor, kullandığımız materyaller, eşyalar, yanımızda duran insanlar, ilgi alanlarımız, yediklerimiz, bakış açımız değişiyor. Hele çocuklar için özellikle pandemi sürecinin başlamasıyla birlikte onların gözünde anlam veremedikleri bir şekilde çok fazla şey değişti. Eğitim felsefeleri, oyun alanları, gökyüzü, yeryüzü, sokaklar bile değişti. Fakat bu kadar

Kendi ihtiyaçlarının farkında olan her ebeveyn çocuğunu herhangi bir şeye zorlamaz, çocuğunun ihtiyaçlarının da farkında olur.

değişim içinde çok emin olduğumuz bir şey var ki o da çocukların gerçek ihtiyaçları asla değişmedi. Hâlâ kendilerini güvende hissetmeye, arkadaşlarıyla oyun oynamaya, öğretmenleriyle bağ kurmaya ihtiyaçları var. Ve tabii daha fazlasına da...

- Öncelikle anne babalar, kendi kaygı ve korkularını abartmadan yaşamaları ve çocuklarına, Covid veya benzeri kriz anlarını gelişim seviyelerine göre uygun bir dille anlatmalıdır.
- Çocukların birazdan dile getireceğim temel ihtiyaçlarının farkında olmak ve bunları karşılamak için uygun şartları hazırlamak gerekir.
- Evde geçirilen uzun süreçlerde ekransız herkesin birbiriyle hemhal olabildiği özel anlar paylaşmaya dikkat etmeliyiz.
- 0-2 yaş dönemindeki çocuğun ebeveynine daha çok yakın temas ve ihtiyaç duyduğunu hatırlatalım kendimize. Bu dönemde sizin kendi kabınızı pozitif doldurmanız ona da yansıyacaktır. Kaygılarınızı ve korkularınızı tetikleyen durumlardan uzak durun. Çocuğunuzun günlük rutinini değiştirmeyin. Bu güvende hissetmesine sebep olur. Onun hareket edebileceği ortamlar oluşturun. Abla veya abi varsa alan ihlaline izin vermeyin.
- Okul öncesi yaş grubundaki bir çocuğun ise konuyla ilgili meraklı sorularının çok olabileceğini hesap edebilirsiniz. Ve bunun gibi kriz durumlarında; kısa ve küçük bilgiler verin. Bu durumun geçici olduğunu belirtin. Defalarca

aynı soruları sormak isteyebilir, defalarca aynı cevabı verin. Yanında haber izlemeyin veya bu konuyla ilgili kendi kaygı ve korkularınızı yansıtacak konuşmalar yapmayın. Bu yaş grubunda hastalığı ve hastalığa karşı önlemleri oyunla veya hikâye kartlarıyla anlatabilirsiniz. Lakin bunun sık tekrarlanmaması önemlidir. Korku ve kaygılarını ifade etmesine izin verin, asla hafife almayın. Evde birlikte vakit geçirebileceğiniz rutinler oluşturun. Evin sorumluluğuna (yaşına göre olanlara) çocuğu da dahil edin. Teknolojiye yarım saatten fazla izin vermeyin. İzin verdiğiniz süreçte de yanında olun, onu teknolojiyle baş başa veya kontrolsüz bırakmayın.

- İlköğretim dönemi çocuklar için uzaktan eğitim süreci devam ederken okula gidiyormuş gibi bir rutin içinde süreci götürmesi için ona destek verin. Kıyafet değişimi, kahvaltısı, eğitimi için uygun mekan ve zamanı ayarlayın. Çocuğun annesi olduğunuzu ve öğretmeni olamayacağınızı kendinize sık sık hatırlatın. Pandemiden önceki ev içi rutinlerin devam etmesine dikkat edin. Muhakkak süreci konuşup yaşına uygun bir şekilde durumu izah edin. uyku öncesi terapotik hikâyelerle süreci destekleyebilirsiniz. Duygularını ifade etmesine izin verin. Bir yeteneğini keşfetmesi için onu destekleyin ve ona izin verin. Teknoloji kullanımına sınırlama getirin, 1 saat bu dönem için uygundur. Teknolojide dahil oldukları oyunları, gezdikleri siteleri muhakkak dikkatlice inceleyin. Aile olarak hep beraber vakit geçirmeye, kutu oyunları ve etkileşimin ağırlıklı olduğu oyunlar oynamaya özen gösterin. Arkadaşlarıyla teknoloji aracılığıyla etkileşim içinde olması için destek olun.

- Ergenlik dönemindeki çocukların hayatına, fikirlerine saygı duymanız çok önemli. Bu yaş grubunun evdeki sınırlar konusundaki hassasiyeti daha belirgin bir şekilde çıkar karşımıza. Dolayısıyla çocuğun odasına, ona ait alana izinsiz girmeyin. Sosyal hayata en çok ihtiyaç duyduğu bu dönemde en büyük sosyalleşme aracı teknolojinin önemini gözardı etmeyin lakin bu sınırı ayarlamanın önemli olduğunu da unutmayın. Arkadaşlarıyla iletişime geçmesine ve onlarla vakit geçirmesine izin verin. Lakin sınırın belirlenmesi konusunda anlaşın. Beraber vakit geçirmeye, tüm aile beraber ekransız sohbet etmeye, kutu oyunları oynamaya veya etkileşimli aktiviteler yaparak zaman geçirmeye dikkat edin. Sınavlara hazırlanan çocukların kaygılarını, korkularını ifade etmelerine izin verin, duygularını dinleyin. Herkesin ortak hareket edebileceği rutinler oluşturmak herkese iyi gelir.

Şüphesiz aylar içinde tüm dünyayı etkisi altına alan Covid geride kalacak. Alınan önlemler, karantina, okulların kapanması ve yaşadığımız her kısıtlama bir gün birer "anıya" dönüşecek. Lakin duygusal ve davranışsal değişimler, hissedilenler muhtemelen hatırlanacak ve iz bırakacak. Bu noktada aldığımız yaraların en aza inmesi için ebeveyn olarak sorumluluklarımızın farkında olmalıyız. Bu durumdan insan olarak çıkaracağımız dersleri de hayat boyu unutmamak üzere kalbimize nakşetmeliyiz.

Pandeminin dışında da değişen zamanın şartlarına göre çocukların hiç değişmeyecek temel ihtiyaçlarını hatırlayarak başlayalım. Sonra da ihtiyaç olarak algılamaktan çok ötelere koyduklarımıza ve çoğunlukla da unuttuklarımıza göz atalım.

Güvenli Bağlanma

Hepimiz bağlanma ihtiyacıyla doğarız. Yaratılan her şeyle aramızda bir bağ ve bu bağ gereği de bir anlam vardır. İlk kurduğumuz bağ şüphesiz hayata ilk temas ettiğimizde karşılaştığımız kişiyle, yani annemizledir. Anne veya birincil bakım veren kişi ile duygusal bağın niteliği, birincil ihtiyaçlarının ne kadar karşılandığını belirler. Ebeveyn bebeğine nasıl davranırsa bebek büyüdükçe ilişkilerine öğrendiği davranış biçimiyle yaklaşır.

Üç bağlanma biçimi vardır: Göbek bağı, kalp bağı, beyin bağı. Göbek bağı başlangıçta hayata tutunmamız için varken devamında diğer hayata tutunmamız için terk eder. Kalp ve beyin bağı ise hayat boyu bizimledir. Bu bağlantıların sağlıklı bir şekilde devam etmesi hayatı güvenli yaşayabilmemizi sağlar.

Güvenli bağlanma ne demektir ve bu bağ nasıl bağ kurulur?

Temel ihtiyaçları zamanında ve yeterince karşılanan her çocuk kendini güvende hisseder ve sağlıklı bir gelişim göstererek ebeveyniyle bağ kurar. Bağlanma teorisi kuramcısı Bowlby bir bebeğin birincil bakım verenine ihtiyaç duyduğu yakınlığı kurabilmesi ve devam ettirebilmesi için gösterdiği her tür davranışı bağlanma davranışı olarak tanımlar. Anne ya da bakım veren ebeveyn, çocuğun güvenli bağlanma ihtiyacıyla gönderdiği duygusal ve fiziksel mesajlara duyarlı olur, duygularını anlar, ona yeterince ve yerinde anlaşıldığını hissettirir.

Ebeveyninden "Buradayım, seni duyuyorum, anlıyorum, sana değer veriyorum," mesajlarını alan çocuk değerli olduğunu, anlaşıldığını, kabul gördüğünü de hisseder. Ancak o zaman bebek annesini (ebeveynini) güvenli bir liman olarak algılar. Ve bu hislerle ebeveynine güvenli bağlanır, kendine ve çevresine güveni de olumlu şekilde desteklenir.

Hayat yolculuğunda "güven duygusu" ilk ve en temel ihtiyacımızdır. Ailede karşılanan güven ihtiyacı dünyanın güvenli bir yer olduğu fikriyle bütünleşir. Ve çocuk temelde güven duygusu karşılandığı için yeni deneyimler yaşamak konusunda keşfetmeye karşı istekli, meraklı olur ve daha özgüvenli ve cesur hisseder kendini. Bu sayede de çocuk ileriki dönemlerde hayata karşı daha çok deneyim elde eder ve öğrenme süreci sürekli ve heyecanlı olur.

Güven duygusunu hisseden çocuk değerli olduğunu da kalpten hisseder. Kendi değerinin farkında olan çocuk, değersiz isteklerine sınır çizmekte zorlanmaz. Haz öteleme dürtüsü gelişir. İstemediği davranışlara hayır diyebilir, ses çıkarabilir. Bu kendisini ve kararlarını koruyabilmesi için önemli bir kazanımdır.

Yapılan araştırmalar gösteriyor ki güvenli bağlanma, çocuğun yüksek düzey stresten korunmasını sağlayan mekanizmayı geliştirir. Bebeklik döneminde yaşanan bağlantı örüntüleri gelecekteki ilişki kurma biçimlerini de nörolojik gelişim sürecini de etkiler. Özellikle plan yapma, empati kurma, problem çözme, duyguları tanıma ve dürtü kontrolü gibi işlevleri içeren beyin bölgesinin gelişimini de destekler.

Çevreden gelen hangi sesler bağlanma temelli ebeveynliğe zarar verir ve nelere dikkat etmeliyiz?

Şems-i Tebrizi "Ayağında diken yarası olmayan sinesine gül kokusu süremez," der.

Bu yol hem içeriden hem dışarıdan duyduğumuz seslerle yol aldığımız, o sesleri revize ettiğimiz, duygularımızı regüle ettiğimiz bir yol. Bu nedenle herkesin doğru bildiğini ifade ettiği bir hayatsa bizi bekleyen kimin ne söylediğine, ne kadar doğru olduğuna vicdanımızla cevap vermek gerekir. Sezgilerimize ve çocuğumuza kulak kesilmek ve fıtri davranmak gerekir.

"Birlikte yatma ayıramazsın sonra!", "Ağlasın, kucağına alma, alışır!", "Bağımlı yaptın şu çocuğu kendine!", "Ağlar ağlar ciğerleri açılır!", "Çok dinliyorsun şu çocuğu tepene çıkaracaksın." Bu gibi ifadeler hepimizin duyduğu, zorlandığı ifadeler. Ve evet bugün hepimiz doğru olmadığına eminiz. Söyleyenin söylemesinin muhakkak anlamı var ama bu cümlelerin bizim dünyamızda nasıl tesir uyandırdığı bizimle ilgili. Doğrusunun ne olduğuna iç sinyallerimiz bozulmadıysa sezgisel olarak karar verebiliriz.

Çocuğun güven duygusunu sağlıklı kazanabilmesi için bağlanma yaklaşımları ve istekleri vardır. Acıkması, üşümesi, annesi uzaklaştığında endişelenmesi, kucağa gelme isteğini ağlayarak ifade etmesi gibi davranışları bağlanma fırsatlarıdır. Ben bu fırsatlarda hangi duyguları hissediyorum? Kaçınıyor muyum? Kucağıma almak istemiyor muyum? Yoksa abartıp ağlamasına izin vermek mi istemiyorum? Buradaki arayışım ve farkındalığım benim için yeniden doğum süreci olabilir.

Çocuğun bize farklı davranışlarla ifade etmeye çalıştığı duygularını ve ihtiyaçlarını görmezden gelirsek, görmediğimizde geçeceğini ve kaybolacağını düşünürsek çocuklarımızın bize verdikleri mesajlara kulaklarımızı tıkamış oluruz. Ve o duygular ve ihtiyaçlar biz görmediğimizde hiçbir yere gitmezler. Bastırıldıkları ve anlaşılmadıkları için farklı davranışlara dönüşebilir.

Ağlamaya devam eden bebeğe çevredekilerin neler yapabileceklerini ve neler söyleyebileceklerini bir düşünelim. Susturmaya çabalamak, emzik vermek, dikkatini dağıtmaya çalışmak, dalga geçmek, "Ağlayacak bir şey yok," demek verilebilecek tepkilerden sadece birkaçı. Halbuki bebeğin ya da çocuğun ağlamasına izin verdiğimizde duygularını dışa vurmasına ve diğer bir deyişle regüle etmesine izin vermiş oluruz. Bu durum da aslında gelecekte duygularını saklamadan anlatabilmeleri için onlara yol gösterir.

Neden ebeveynler çocuklarının ağlamasını istemez ya da onları susturmaya çalışır? Bazen yetersizlik , bazen suçluluk hissi, bazen şefkatin yanlış anlaşılması durumları buna sebep olur. Halbuki şunu çok iyi biliyoruz ki çocuğun stresini atabilmesi için gözyaşına ihtiyacı vardır. Ağlamanın iyileştirici etkisini yaşaması için her çocuğa izin vermek gerekir. Bağlanmayı destekleyen her adım için fedakar ve uyanık olmak durumundayız.

Güvenli bağlanma genel olarak bir kilit misali, bir kere oldu oldu bir daha hiç olmayacak gibi bir durum değildir. Bağlanma iki taraflı bir ilişkidir. Bebek doğduğu anda annesinin onunla ilgili bütün ilgi ve bakımı duygusal bir tatmin de sağlar. Bu sadece bebeğin değil annenin de bağlanmasına yardımcı olur. Şu varsa bu olabilir, bu ihtiyaçlar karşılanmazsa asla olmaz, gibi kesin yargıları doğru bulmuyorum.

Bazı kitaplarda rastladığım bazı bilgiler var: Eğer bebek gece korkarak, ağlayarak sık uyanıyorsa, durduk yere huzursuz bir şekilde mızmızlanıyorsa, ağlama nöbetleri geçiriyorsa ya da uyumak istemiyorsa bağlanma problemini orada arayabiliriz. Bu şekilde yaklaşımların ve kesin söylemlerin doğru olmadığını düşünüyorum. Bu tarz olağanüstü durumların birden çok sebebi olabilir ve tek bir sebebe bağlamak doğru değildir.

Ebeveynlerin dikkat etmeleri gereken en önemli belirti çocuklarının ayrılığa verdikleri tepkidir. Eğer ebeveyn çocuktan ayrıldığında çocuk çok fazla tepki veriyorsa, ebeveyn döndüğünde bile çocuk sakinleşmekte zorlanıyorsa ya da ebeveyn gittiğinde de geldiğinde de çocuk bu duruma aşırı ilgisiz görünüyorsa buraya dikkat edebiliriz. Anne babanın veya bakım veren kişinin hislerini çok önemsiyorum. Çünkü davranışlar; "Çocuğun şu davranışı varsa bu olabilir," gibi tek düze bir bakış açısıyla değerlendirilirse anne babanın daha kaygılı bir süreç geçirmelerine de sebep olur. Ve istemediğimiz bir sonuç ortaya çıkar. Çünkü ebeveynin kaygısı da çocuğa geçer ve problemleri aşma noktasında kısır bir döngüye girilebilir.

Annenin, çocuğun bu davranışlarıyla ilgili bir tedirginliğinin olması "Ben böyle yapmadım, yoksa çocuğumla bağlanamadım mı?", "Böyle yapayım da bağlanayım," gibi didaktik hareketleri çocukla anne arasındaki ilişkiye zarar verir, çünkü doğal değildir. Bu tarz aşmakta zorlandığınız kaygılı durumlarda profesyonel destek almak gerekir. Ufak kaygılarımızı rahatlatmak için bu konuyla ilgili bilgiler de çok kıymetlidir.

Ağlamanın iyileştirici etkisini yaşaması için her çocuğa izin vermek gerekir

Güvenli bağlanma için en önemli kritik zaman 0-3 yaş aralığıdır. Lakin bu ilişki hayat boyu devam eder. Bu ilişkinin zedelenmesi yahut bozulması halinde onarılması da her zaman mümkündür, hiçbir zaman geç kalınmış değildir. Sadece biraz daha zordur. Sağlam ve derin bağlar kurmak, bu bağları onarmak hayat boyu mümkündür.

Koşulsuz Sevgi

Gerçek sevgi çocuğun kendisiyle ilgilenir. Yani çocuğu onun var olduğu haliyle sever. Sevgisi şartlara bağlı değildir. Koşulsuz sevgi "çünkü" ve "eğer" kelimelerinden muaftır. "Benim istediğim gibi olursan, şunları yaparsan, yemeğini yersen, dersini yaparsan..." gibi şartlara bağlı değildir. "Seni seviyorum çünkü..." gibi bir nedene bağlı değildir.

Çocuk koşullu sevildiği hissinin karşılığında "Onlara istediklerini vermezsem beni sevmezler," diye düşünür ve hayatı boyunca bunu telafi etme çabasına girer. Bir de iyilik hali sorgulanırken koşulsuz gibi görünen ama gerçekte çocuğun kendisine çıkmayan sorular vardır.

Mesela çocuk evden geldiğinde "Günün nasıl geçti? Okul nasıldı? Arkadaşlarınla neler yaptın? Öğretmeninle aran nasıldı?" gibi sorular koşullu sorulardır. Çünkü bu soruları sorduğunuzda çocuğa verilen mesaj şudur: "Beni ilgilendiren senin duyguların değil, davranışların!"

Doğru sorular, "Hoş geldin. Nasılsın? İyi misin? Aç mısın?" olmalıdır. Gerçek sevgi, bireyin kendisiyle; yapay ve koşullu sevgi ise çocuğun davranışlarıyla ilgilenir.

Çocuklar kendilerini ebeveynlerinin kalbiyle değerlendirir, onların gözünden görürler. Koşullu sevgi ile büyüyen kişiler güçlü güvensizlik duyguları ve reddedilmeye karşı aşırı hassasiyet geliştirirler. Sevilmek için fazlasıyla fedakârlık yapmak zorunda hissederler kendilerini çünkü sevilmek için hep işe yaramaları gerektiğini düşünürler.

Çocuk koşullu sevgi davranışlarını "Benden beklenenleri yapmazsam yahut başaramazsam ebeveynimin sevgisinden mahrum kalırım," şeklinde yorumlar. Bu nedenle ilişkilerini sürdürmek için, sürekli başkalarını tatmin etme, mutlu etme çabasına girer. Çoğunlukla bu duygusal gelgitlerin etkisiyle ilişkilerinde farkında olmadan sürünür. Sadece sevgi görebilmek için istenildiği gibi davranmaya çalışan çocuk -mış gibi bir hayatı yaşar. Başkalarını memnun etmeyi, beklentilere uygun davranmayı görev edinir. Çocuk ona yapılan eleştirel tutumu kendisi ile konuşma biçimi haline getirir. Ve sahici bir yaşam süremez, sadece zamanını dolduruyormuş gibi hisseder, yaşıyormuş gibi hissetmez ve hiçbir şeyden tatmin olmaz. Başkalarını memnun edemediği her an kendini değersiz ve yetersiz hisseder. Bu özsaygısının azalmasına da sebep olur.

İçinizde zaman zaman ortaya çıkan eleştirel bir ebeveyn var mı? En kritik anlarda çıkan, susmadan yüksek sesle sürekli fısıldayan bir ses. "Zaten hiçbir şey gelmiyor elinden!", "Gördün mü gene beceremedin!", "Bir işi de tam yap!", "Ne var bunda yani, herkes başarabilir!", "Yeteri kadar iyi değilsin, ne yaparsan yap boşuna!" Hangimiz memnun oluruz ki bu seslerin tüm dünyamızı kaplamasından? Bunları susturmak, dönüştürmek elbette her yaşta mümkündür ama daha kolayı vardır: Kendi çocuklarımıza rehberlik ederken şarta bağlı olmadan sevgi dilimizi yansıtmalıyız.

Şunu çok iyi biliyoruz ki mükemmellik insana has bir durum değildir çünkü insan tekamül eder. Mükemmel olma ve uygun davranışı yerine getirmeye çalışmak ise duygularından uzaklaştırır insanı. Aradığınız duyguya ulaşılamaz çünkü duygularıyla baş edemeyeceğini fark eden insan onaylanmak için duygularını da görmezden gelmeye başlar.

Koşulsuz sevilen bir çocuk kendini özgür hisseder, her şartta kabul göreceğini bilmek onu kontrolsüz yapmaz, aksine daha bilinçli tercihler yapması için teşvik eder. Takdir ve onay almak için enerji sarf edeceğine bu enerjiyi kendi ihtiyaçları doğrultusunda gerçekleştirebileceği hayallerine sarf eder. Şefkat dolu sarılmalar, bir şeyleri yanlış yaptıklarında, bardak düşürüp kırdıklarında, zayıf aldıklarında, başarısız olduklarında, oyuncaklarını paylaşamayıp huzursuz olduklarında, uykuya dalarken, uyuyamadıklarında onlara açılan kocaman koşulsuz kalpler isterler. Koşulsuz sevgi ona birey olduğunun farkındalığıyla yaklaşmak;, konuşmasına, duygularını ifade etmesine ve yaşamasına izin vermek demektir. Ve ancak koşulsuz sevildiğini hisseden çocuklar kendilerini gerçekleştirirken emin ve mutlu hissederler.

Düzen

Annenin bebeği doğduğu andan itibaren belli aralıklarla bebeğin karnını doyurma, gazını çıkarma, onu kucağına alma, bebeğiyle vakit geçirme içgüdüsü bebek ve anne arasında bir düzen sağlar. Her insanın kendi sınırlarını koruması ve alan oluşturması için düzene ihtiyacı vardır. Hayatta bazı sağlıklı rutinlerin olması aynı zamanda güven ihtiyacımızı da karşılar.

Düzen ihtiyacı çocuklarda belli yaş dönemlerinde daha belirgin davranışlarla açığa çıkar. Bu dönemleri 3 yaş dönemi, 10 yaş dönemi ve ergenlik sonrası dönem olarak sınıflandırabiliriz. Çocuklar belli kritik davranışlarla, duygusal iniş çıkışlarla kendi düzenlerini sağlamaya çalışır. Bu süreçte ebeveyn, alan oluşturma ihtiyacı içine giren çocuğun düzen ihtiyacına saygı göstermelidir.

Kendine alan oluşturma ihtiyacı fıtri bir yönelimle 3 yaş döneminde başlar. Kendine ait alanlar oluşturma olarak görülür. Bu alana saygı duymak ve özen göstermek gerekir. Çadır kurma çabaları, masa altlarına çekilmeler, oyunlarda "Burası benim bölgem!" feryatları düzen ihtiyacının nüksettiğine işarettir,. Bu alanı ihlal etmemek düzeni bozmamak ve çocuğun alanına saygı duymak çocuk için harika bir hayat deneyimidir.

Bir de rutinler vardır; insanları birbirine bağlar. Ailenin düzenli rutinlerinin ve paylaşımlarının olması harika bir duygusal alışveriştir. Ailenize döndüğünüzde içinizin ısındığını hissettiğiniz anlar o rutinlerde ve duygusal alışverişlerde saklıdır. Yatmadan önceki program, yemeğin hep beraber yenmesi, hikâye okumak, sabah kahvaltısı gibi bir düzene dönüşmüş her iş oldukça önemlidir.

Sosyalleşme

Değişen günümüz koşullarında teknolojinin yaygın kullanılması, çocukların sosyal ortamlardan uzaklaşmak zorunda kalmaları ve yaşamlarının büyük bölümümü apartmana geçirmeleri gibi farklı etkenler çocuğu yalnızlığa itmektedir. Halbuki her insan aynı ihtiyaçla dünyaya gelir. Bir bebeğin gülümsemesi, sesler çıkarması, etkileşime girme çabaları, hatta anne karnındayken bile dış dünyayla iletişim halinde olduğunu ispatlaması aslında bize sosyalleşme ihtiyacının ne kadar erken başladığını gösterir. Fakat doğru zemin oluşturulmaz, ve uygun hareketlerle beslenmezse bu ihtiyaç karşılanamaz.

Çocuğun temel ihtiyaçlarının farkına varacağı ve bu ihtiyaçlarını giderme yolunu öğreneceği ilk figürler şüphesiz ailesidir. Çocuk izleyebildiği ilk kişiler olan anne babasına baka-

> Gerçek sevgi, bireyin kendisiyle; yapay ve koşullu sevgi ise çocuğun davranışlarıyla ilgilenir.

rak dünyayla nasıl iletişim kuracağını öğrenir. Anne babanın çocuklarıyla, birbirleriyle ve yakın ilişkileriyle kurdukları iletişim çocuk için en önemli kaynaktır. Sonra yaşıyla beraber çoğalan ilişkilerinde temas ettiği her birey çocuk için yeni bir deneyimdir ve sosyalleşmesine etki eder. Okul, arkadaş grubu, yaşı ilerledikçe sosyal medya, dini, fikri, kültürel grupların da bu şekillenmede etkisi vardır. Sosyalleşme ihtiyacının karşılanması ile beraber çevre faktörünün kişilik üzerindeki etkisi de inkişaf etmeye başlar.

Sosyal ve Duygusal Gelişimin Kazanımları Nelerdir?

Çocuğun duygularını kontrol edebilmesi, kendini ifade edebilmesi, sağlıklı bir kişilik geliştirebilmesi, kendisiyle ve çevresiyle uyum içerisinde olmasını sağlar. Denham (2003) okul öncesi çocuklarının duygusal yeterliliğinin, sosyal gelişime katkılarıyla ilgili yaptığı araştırmada, üç dört yaşlarındaki çocukların duygusal yeterliliğinin, uzun dönemde sosyal yeterliliğe katkı sağladığı sonucuna varmıştır. Yani sosyal ve duygusal gelişim birbiriyle yakından ilişkilidir.

Farkında olmadan reddedici davranan ebeveynlerin çocuklarının özsaygı ve özgüvenlerinin daha düşük olduğu gözlemlenir. Hırçın davranışlar çocuklar üzerinde yetersizlik ve değersizlik duyguları bırakır. Bu da çocuklarda düşük benlik saygısına sebep olur. Çocuğu başkalarıyla kıyaslamak, olduğu gibi kabul etmemek ve onun kararlarına saygı duymamak anne babaların farkında olmadan yaptıkları yanlışlardır. Bu yanlışlar neticesinde ya isyankâr, hırslı, şiddete meyilli ya da tam tersi, içine kapanık, asosyal, çekingen, yaşamdan zevk alamayan çocuklar yetişir.

Anne babanın davranışlarında ve iletişimlerinde tutarlı olmaları, aile rutinlerine özen göstermeleri, çocuğun kendisini güvende hissedeceği bir düzen sunmaları, destekleyici ve pozitif seslerle, mimikler ya da sözlerle tepki vermeleri, çocuğun gelişim düzeyinin ve dolayısıyla ihtiyaçlarının farkında olmak sosyal gelişimi için yararlı olacak tutumlardır.

Teknolojiye alternatif olarak küçük yaşlardan itibaren çocukla etkileşim kurabileceğimiz alternatifler olmalı. Çocuk henüz küçükken ona kitap okumak ve oyun oynamak en önemli sosyalleşme aracıdır. Bunu ilk deneyimledikleri kişiler de ebeveynlerdir. Ebeveyniyle oyun oynayan, kitap okuyan çocuğun hem bilişsel becerileri hem de dil gelişimi güçlü olur. Özellikle okul çağı çocuklarının yaşlarına ve gelişimlerine uygun olarak kendilerini gerçekleştirebilecekleri yetenekleri ve ilgi alanları olmalıdır. Bununla ilgili sosyal çevre oluşturulmalıdır. Müzik, spor, resim veya sosyalleşmelerine alternatif ortam oluşturabilecek bir yetenek alanı çocuğun sosyal gelişimini destekler.

Duygusal Uyarım

Çocukluğunuza dair hiç aklınızdan çıkmayan bir anı düşünün? Neler yaşamıştınız? Kimlerle birlikteydiniz? Bu anı düşündüğünüzde ne hissetmiştiniz? Yaşadığınız olayda hangi duygularınız yoğunluktaydı? Heyecan, korku, üzüntü, öfke? Bu anın bizde diğerlerinden daha baskın olmasının sebebi onu öğrenme biçimimiz ve duygularımızla hafızamıza olayı, durumu işlemiş olmamızdır.

Akılda kalan nokta olaydan ziyade duygudur. Yoğun duygularla o olay arasında bir bağ kurarak bir değerlendirme yaparız. Duygular; bağlantı kurmanın, deneyimlemenin ve hatta öğrenmenin en rahat aracıdır. Duygusal olarak hafızamıza yerleşen her bilgi, tecrübe, deneyim hayatın sonuna kadar orada daha aktif ve canlı bir şekilde kodlanıyor. Ebeveyn ve çocuk arasındaki bağlantı ihtiyacı kodlanan aktif duygularla karşılanıyor. Ve duygularının farkında olarak ve duygularıyla bağlantı hisseden çocuklar daha sağlıklı, daha pozitif, daha empatik, daha işbirlikçi, daha sevgi dolu çocuklardır.

Çocuğun işbirliği içinde olmadığı her davranış ise genelde duygusal olarak bağlanma ihtiyacını ifade eden bir iletişim biçimidir. Yani ebeveynlerin çocuklarıyla yaptıkları işbirliği seviyesi genelde çocukların ebeveynleriyle hissettikleri bağlantı seviyesine eşittir. Çocuklarla birebir vakit geçirmek ekstra zaman gerektirmez. Ve ancak çocuğuyla zaman geçirebilen ebeveyn, çocuğunun duygusal ihtiyaçlarına dikkat kesilebilir. Zaman ve dikkat, çocuğun keşfi için önemli anahtarlardır. Çocukların iyi davranışlarda bulunmalarını isteyen her ebeveyn çocuğuna ve hissettirdiklerine bakmalıdır.

Duyguları Ne Kadar İyi Dinliyoruz?

Duygularımızı anlatmayı, yansıtmayı sevdiğimiz kadar başkalarının duygularına, özellikle de çocuklarımızın duygularına kulak kesilebiliyor muyuz? Karşımızdakinin duygularını anlamak durumunda olduğumuz zaman konuyu kısa mı kesiyoruz yoksa can kulağıyla mı dinliyoruz? Eğer çoğunlukla şu davranışları yapıyorsak onun hissettiklerini anlama noktasında bir daha durup düşünmeliyiz: Çocuğumuz düştüğü zaman "Acıdı!" diye ağlarken "Aaaa ne var bunda acıyacak, küçücük yara!" ya da "Aaaa erkek adam ağlar mı hiç?" "Bak şimdi öpeceğim, hemen geçecek. Öptüm geçti işte, hoppa yok bir şey!" gibi çocuğu hiç duymadan kurulan her söz, onun duygularını anlamaktan çokça uzaktır. Oysa çocuğun duy-

Duyguları görülen ve ebeveynleri tarafından oldukları gibi kabul edilen çocuklar nasıl hissedeceklerini seçip ifade edebilecekler.

mak istediği gerçekten hissettiği duygunun karşı tarafta anlaşıldığını, duyulduğunu fark etmektir. Peki çocuklarımızın duygularını nasıl duyabiliriz?

Öncelikle onlarla iletişim kurarken duygu ifadelerini kullanmak, ona aşina olmak çok önemlidir. "Şu an üzgün mü hissediyorsun?", "Öfkeli misin?" ya da "Şu an biraz endişeli hissediyorum ben, peki ya sen?" gibi duyguları nitelendirmek, tanımlamak önemlidir. Yani hissettiğimiz duygunun ne olduğunu, neden öyle hissettiğimizi, ihtiyacımızın ne olduğunu açıklamak önemli bir öğrenme deneyimidir. Çocuğun duygusuna verdiği isim, ona çağrıştırdıkları hem kendi içine yönelmesinin hem de içindekileri ifade etmesinin ilk adımıdır.

Çocuklar yaşadıklarını anlamlandırmakta zorlanırlar ve neler yaşadıklarına dair fikir sahibi olmak için desteğimize ihtiyaç duyarlar. "Ne hissediyorsun? Seni en çok üzen, tedirgin eden, korkutan ne oldu? Neyi seversin, neyi sevmezsin? gibi sorulara cevap bulmaya çalışırken aslında içgörü de kazanırlar.

Duygular ihtiyaçlara işaret eder. Çocukların ihtiyaçlarını fark etmelerine destek olmak da önemlidir. Mesela öfkeli birinin sınırlarının ihlal edildiğini, üzgün birinin sosyal bir ihtiyacı aradığını fark edebiliriz. Bu nedenle mesela; balonu uçan, onu kaybeden bir çocuğa "Ne var şimdi bunda ağlayacak? Alırız bir tane daha!" demek yerine "Balonunu kaybettiğin için üzgün mü hissediyorsun?" cümleleriyle yaklaştığımızda duygularını fark etmeye başlar.

Duygular iyi, kötü, yanlış ya da doğru değildir. Fiziksel ihtiyaçlarımız kadar doğaldırlar. Öfke, korku, üzüntü, heyecan, endişe son derece doğaldır. Sadece duygulardan sonra ulaştığımız davranışlar ya da düşünce kalıpları doğru ya da yanlıştır.

Mesela arkadaşına bir olaydan dolayı öfkelenen çocuğa: "Ne var bunda öfkelenecek?" demek öfkesini yok etmez, diğer çocuğa herhangi bir karşılıkta bulunmak da. Söylenmesi ve yapılması gereken "Arkadaşının bu şekilde davranmasına sanırım çok öfkelendin, doğru mu? Seninle bu sorunu çözmek için neler yapabileceğimiz üzerine konuşalım mı?" diyerek nasıl davranması gerektiğiyle ilgili yönlendirmede rehberlik etmek gerekir.

"Odada korkunç bir şey var ve ben çok korkuyorum, yalnız yatmak istemiyorum." diyen 5 yaşındaki çocuğumuza "Demek korkuyorsun, kendini rahatsız hissediyorsun, odanda seni korkutan bir şey olduğunu söylüyorsun. Seni çok iyi anlıyorum çünkü ben de küçükken geceleri bazen korkardım. Seninle neler yapabileceğimiz ve korkumuzla baş edebileceğimiz konusunda konuşalım mı?"

Ebeveyn olarak çocukların yaşlarına göre duygu düzenleme becerilerini ve gelişim dönemi özelliklerini bilmeliyiz.

Çocuklarımızla duygularla ilgili oyunlar oynayabilir, onlara kitaplar okuyabiliriz.

Yani şu çok açık ki duyguları görülen ve ebeveynleri tarafından oldukları gibi kabul edilen çocuklar nasıl hissedeceklerini seçip ifade edebilecekler. Daha duyarlı, hislere karşı farkındalıklarının daha yüksek olduğunu fark edip hayatlarını zenginleştirebileceklerdir.

Değerlilik

İlk önce şu soruyu soralım: Değerli olmak ne demek?

"Sen her şeyden kıymetlisin."

"Sen her şeye değersin"

"Sen çok özelsin."

"En iyi sensin!" demek midir gerçekten? Bunlar çocuk olsaydınız duymak isteyeceğiniz sözler miydi? Yahut duydunuz mu çocukken? Duymadıysanız veya duyduysanız değerlilik hisleriniz bu duyuşlarla doğru orantılı mı gelişti?

Kim istemez ki ebeveyni nazarında kıymetli olmayı? Ama bu "biriciksin" kelimesini duymakla da çok mümkün değildir. Sanırım çocuğun olduğu haliyle sevilmesi, kabul edilmesi, duygusuna ve varlığına saygı gösterilmesi değerlilik hissiyle alakalıdır. İhtiyaçları ile en kısa zamanda ve yeterince ilgilenmek ve gereğini yerine getirmek çocuğun kendini değerli hissetmesinin en önemli nedenlerinden birisidir. Baş başa, koşulsuz, doğallığı içinde barındırır. Fazla ilgi, yapmacık birliktelik, zoraki oyun; yani insanı doğallığından uzaklaştıran her davranış suni olduğu için çocuğun değersizlik duygusunu besler. Ve gerçek değer ihtiyacını karşılamasını engeller. Kendisini değersiz hisseden herkesin yaşamla bağı kopuktur. Çocuğa değerli olduğunu hissettirmek "Sadece sen değerlisin!" veya "En çok sen değerlisin!" demek değildir. Kastettiğimiz değer bu değildir. Bu, çocuğun kendisini biricik sanması, kendisinden başka kimseye değer vermemesine sebep olur. Bu tür sözler egosantrik bir çocuk yetiştirmeye sebeptir. Egosantrik bir çocuk ise büyüdüğü zaman ötekine sabır, empati ve merhameti göstermekte zorlanır. Bu ayrıma dikkat etmek gerekir.

Bir ebeveynin çocuğunu tanıması, mizacını, potansiyelini ve sınırlarını bilmesi çok önemlidir. Nasıl tanırız çocuğumuzu? Kendimize soralım "Çocuğumun en güçlü yanı nedir? Çocuğumun en güçlü korkusu nedir? Çocuğumu en çok mutlu eden, en çok üzen durumlar nelerdir? Çocuğum duygularını nasıl yönetiyor?" Gözlemlememizin çok da mümkün olmadığı fiziksel durumların ötesinde çocuğun kişiliğiyle ilgili ipucu veren durumları bilmek için onu tanımak gerekir. O nedenle bu sorulara cevap verebilmek her anne babanın önem vermesi gereken noktaların başında gelir.

Çocuğa kendisini değerli hissettirmek duygularını anladığımızı yansıtmak, onu dinlemek, hata yaptığında veya uygun olmayan bir davranış sergilediğinde gururunu incitmeden ona daha doğru bir çözüm yolu göstermek, saygı duymak, kıyaslamamak, çocuğun kendini gerçekten değerli hissedeceği ve bunu sorgulamaya gerek dahi duymayacağı anlamına gelir. Ve ancak pür dikkat dinlendiğini hisseden çocuk ebeveyninde "dinlenir" ve "değerlenir".

Çocukların Doğal İhtiyaçları ve Doğal İyileştiricileri

Ağlayabilirler;

Hayata ilk adım attığımızda ihtiyaçlarımızı dile getirmenin önemli bir aracıdır ağlamak. Ağalamak hayatın ilk dönemlerinde bir iletişim aracıyken, yaş ilerledikçe fonksiyonel anlamı da değişir. Ağladığında rahatladığını hisseden insan zaman zaman etrafındaki ağlamalara karşı duyarsızlaşır ve tahammülsüzleşir. En hızlı bir şekilde susturma metotları kullanmak "Bir şey olmadı canım. Ne var bunda ağlayacak!" "Bunda üzülecek ne var?", "Ağlayacak bir şey yok.", "Ne kadar mızmızsın sen ya!" gibi tahkir edici, alaycı ve yetersizlik cümleler kurmak çözüm olarak kullanılır. Halbuki gözyaşı ile ilgili yapılan birçok çalışmada ağlama gerçekleşmediğinde birçok problem oluştuğunu, fiziksel ve psikolojik birçok soruna yatkınlığımızın arttığını gösterir. Birçok araştırma, ağlamanın stresle baş etmek için gerekli ve yararlı olduğunu desteklemektedir.

Ebeveynler olarak çocukların ağlamalarının anlamı üzerine düşünmeliyiz. Önce çocuğun fizyolojik ihtiyaçlarına kulak kesilmek gerekir. Karnı mı aç? İlgi mi istiyor? Altı mı kirli? Oyun ihtiyacı mı var? Bir yeri mi ağrıyor? Öncelikle bu soruların cevapları aranmalı sonra fizyolojik olarak tespit ettiğimiz bir durum yoksa, çocuk eğer duygusal bir ihtiyaçtan dolayı ağlıyorsa ağlamalarına izin vermek gerekir. Bu sayede gerilimlerini boşaltıp rahatlayabilirler. Çünkü ağlamanın arkasında muhakkak bir ihtiyaç vardır.

Duygusunu rahatça aktarmasına izin verilen, gözyaşı yadırganmayan çocuk anlaşıldığını hisseder ve rahatlar. Her insan nasıl iyileşeceğini bilerek doğar, ebeveynler sadece uygun zemin hazırlarsa en büyük yardımı yapmış olur. "Güvendesin.", "Yanındayım.", "Seni seviyorum.", "Senin yanındayım.", "Ne kadar üzüldüğünü görüyorum." Bu tür cümleler bazen tılsım etkisi yapar ve hiç beklemediğimiz kadar rahat bir şekilde durumu kolaylaştırır. Tüm bu davranışlar sonucunda çocuk kendini güvende hisseder ve kendi davranışların sorumluluklarıı ile baş edebilme becerisi geliştirir.

Sadece belirtmemiz gereken önemli bir nokta var ki "iktidar mücadelesi" nedeniyle akan gözyaşlarına dikkat etmek gerekir. "Benim istediğim olsun yoksa ağlarım!" arzusuyla akan gözyaşları karşısında ebeveyn olarak pes etmemek ve sınır eğitimine odaklanmak önemlidir. Bu ağlamanın altında duygusal bir ihtiyaç yoktur. Ve çocuk inat ederek istediği şeyin olmasını sağlarsa isteklerini ertelemek konusunda başarısız olur.

Burada mesela istediği oyuncağı almadığınız için bir ağlama söz konusu ise şefkatli bir sabırla; "Seni anlıyorum o arabayı almak istiyorsun ama bugün bu mümkün olmayacak. Bunu anlaman gerekir. İstediğin kadar ağlayabilirsin ama o oyuncağı almayacağım," ifadeleriyle yaklaşmalıyız. "Hadi yavrum, lütfen bak çok üzülüyorum, ne olur yapma böyle. Onun yerine şunu yapmak ister misin?" gibi yaklaşımlar sergilenmemelidir. Çocuğu ikna etmek için fazlaca kelime kullanmak, cümleleri süslemek gereksizdir. Net bir şekilde bu bir istekse (ihtiyaç değilse) yerine getiremeyeceğinizi ifade etmek, sonrasındaki tepkilere ve sürece sabretmek ve pes etmemek gerekir.

Oynamak isterler;

"Çocuğu olan onunla çocuklaşsın." (Hadis-i Şerif)

Çocuklaşmanın en güvenli yoludur oyun. Çocuk oyunla iyileşir, oyunla öğrenir.

Oyun; ebeveynin çocukla, çocuğun hayatla ve hayatındakilerle bağ kurabilmesi iletişim kurabilmesi için en iyi araçtır. Çocuk oyunla en doğal, en sık kullanılan, en şeffaf ve en sağlıklı sonuç veren bir etkileşime girer.

Bu etkileşim sırasında çocuk; düşünme, paylaşma, deneyim kazanma, birlikte çalışma, yaşamdaki rolleri anlama, hayal gücünü kullanma, problem çözme, alternatif seçenekler görme, gayret ve sabır gösterme, mutluluğu hissetme gibi duygu ve becerileri edinir. Piaget'e göre oyun bir uyumdur.

En sevdiğiniz ve en sevmediğiniz oyunu, oyun oynarken en çok birlikte olmak istediklerinizi hatırlayın. Oyunu hep bozanları hatırlayın, hatırlamak bile yorucu değil mi? Bu deneyim hayat boyunca oyunu bozanlara karşı neler hissettirdi? Oyunların sonunu getirmeye çalışma gayretinizi hatırlayın, bazen kaybetmeyi bazen kazanmanın getirdiklerini? En sevdiğiniz oyuncağı hatırlayın. En sevdiğiniz oyun arkadaşınız kimdi? Hatırlamaya çalışırken bile hayatla ilgili deneyimlerimize oyunlarımızın nasıl kaynak olduklarını fark ettiniz mi?

Dolayısıyla ebeveyn olarak bugün çocuklarımıza dair oyun oynamanın nasıl büyük bir ihtiyaç olduğunu fark edince bazı kaygılardan ve oyun oynayan çocuğa dair birikmiş önyargılardan sıyrılmak gerekir. Bu kaygı ve önyargıların ruhumuzun enkazında bize de yük olduğunu fark etmemiz ve bunları atmamız gerir.

Mesela "Toz kalkar.", "Cam kırılır.", "Komşunun bebeği uyanır.", "Baban bağırır.", "Ses etme başım ağrır.", "Fazla oynama dersin geri kalır.", "İşin gücün oynamak!" gibi cümleler pek çoğumuza tanıdık gelmiştir. Hepsi ebeveynlerimizin kaygılarının ürünüdür.

ÇOCUKLARIN YAŞ GRUPLARINA GÖRE OYUNLAR		
YAŞ	**DUYU/YARATICI OYUN**	**ARAŞTIRMACI OYUN**
0-1 YAŞ	Duyularını (duyusal havuzlar) ve vücudunu kullanarak oynayabileceği, ses, görsel doku ayırt edebileceği oyunlar.	"Bu nedir, ne yapabilirim?" sorularını araştırdığı keşfedici oyunlar
1-2 YAŞ	Kelimeler ve sesler ile oynayabileceği Duyusal havuzlar (Montessorie duyusal havuzlar)	Fiziksel araştırma oyunları (İtme, çekme, saklanma, aram oyunları)
3-4 YAŞ	Su, kum havuzu, oyun hamuru, hikâyeler ve müzik oyunları, uçurtma uçurma	Problem çözme ve inşa oyunları, Yapboz, hafıza ve dikkat geliştirici oyunlar
5-7 YAŞ	Oyun hamuruyla hikâye anlatımı, duyusal havuzlar, dinazor keşif oyunları, kazmalı -kürekli oyunlar, toprakla oyunlar, Deneyler, baloncuk patlatma	Aklından isim tut, hayvan tu oyunları, Uçtu uçtu kuş uçtu oyunları Mikroskopla hayvan keşfi oyunları
7-12 YAŞ	Hayal gücünü geliştiren sanatsal oyunlar, yemek yapma, erişkin rollerini test ettikleri oyunlar	Kulaktan- kulağa, Fen ve teknoloji deneyleri, Sos oyunu, zeka oyunları, bom oyunu, Benzetme oyunları

FİZİKSEL OYUN	SEMBOLİK OYUN	SOSYAL OYUN
Tekrarları olan, hareketli koşma yakalama oyunları, (fışfış kayıkçı, dıgıdık dıgıdık) basit parmak oyunları	Dil gelişimi için parmak kuklalı oyunları	Hayvan seslerini taklit, anneyi taklit, duyguları dile getirdiğimiz dramatize ettiğimiz oyunlar
Psikomotor ve kabamotor faaliyetleri destekleyen oyunlar (Koşmalı, zıplamalı)	Taklit oyunları	Saklambaç, güreş, yuvarlanma, bireysel veya ailecek oynanabilecek oyunlar)
Çizme, kesme, patates baskı, boyama, zıplama, yerden yüksek gibi hareketli oyunlar Dans etme ve top oynama, scooter sürme	Karakterleri dramatize etme oyunları	Etkileşimli oyunlar Yan yana iki çocuğun oynadığı oyunlar, kovalamacalı, yakalambaç oyunları
Bisiklete binme, tenis oynama, jimnastik, yerden yüksek gibi hareketli oyunlar, Müzikle çember çevirme	Uzun süreli sosyodramatik oyunlar (mış gibi oyunlar)	Etkileşimli oyun, yarışmalar ve sosyal oyunlara katılım
Spor türleri ve hobiler, grupça oynanan hareket oyunları Don-ateş oyunu, Elim sende oyunu, Kimin eli kimin üstünde oyunu, Deve cüce oyunu	Hayal kurma, fikir bulma oyunu Nesi var oyunu, Aynısını bul oyunu, Sıcak-soğuk oyunu, Kelime avı oyunu, İsim-şehir oyunu	Kurallı oyunlar (Amiral battı, ses değiştirmece, hadi anlat bakalım, kutu oyunları)

> Zaman zaman açığa çıkan öfkenin karşıdaki bireye bir şeyler anlatmaya çalıştığını fark etmeli ve ihtiyacını görmeliyiz.

Halbuki bugün kalkan toz yarın kalkmadığında çocukların ardından bakan yürek kalkar.

Cam kırılır endişesiyle oyun olmayan evlerde canlar kırılır. Baba oynamazsa, çocuğuna eşlik etmezse yetişkin olduğunda geçen zamana sızlanır. Baş ağrıtmaya niyet ettiyse ebeveyn başını ağrıtacak bir yol muhakkak bulur. Hayatın sesi olan oyun, evde kendine yer bulamazsa hayat deneyimi olmayan çocuk o annenin başını gençlik döneminde ağrıtır.

Oyun en iyi öğrenme araçlarından biridir. Çünkü deneyimleme fırsatı verir. Hayata dair deneyimi olmayan çocuklar ezbere başarının zararlarını meslek seçiminde veya mesleki hayatlarında geri kalarak yaşarlar.

Oyunu dünyasından uzaklaştıran her yetişkin kendine bir uğraş ve iş bulur, doğru. Ama asla o işin içindeki keyfi ve mutluluğu sürdüremez. Çünkü hiçbir şey oyun oynarken olduğu gibi kendini zamana bırakmanı sağlayamaz.

Bugün psikoloji biliminde şema terapisinde çok sık karşımıza çıkıyor ki oyun ihtiyacı karşılanamayan çocuklar karamsarlık şeması, yüksek standartlar şeması ve ceza şeması geliştirirler.

Hangi yaş grubunda ne tür oyunlar oynayabilecekleriyle ilgili birkaç önerim var:

Yorulabilirler;

Çoğunlukla büyüklerin koşturmalarına ayak uydurmak durumunda kalan ve bazen yokmuşlarcasına görmezden gelinen çocuklarımızın en önemli ihtiyacıdır dinlenmek. Onların yorulduklarını, küçücük ayaklarıyla bizim peşimizden koşuşturup hızımıza yetişmeye çalıştıklarını fark etmeyiz bile.

Bir çocuğun belli bir yaşa gelene kadar en çok gördüğü şey insanların ayaklarıdır. Bir AVM gezisinde olduğunuzu hayal edin. Çocuğunuzun boy mesafesine kadar küçüldüğünüzü düşünün. Adımlarınız anne babanızınkilerden küçük, dolayısıyla aynı hızda yürüyemeyerek o tempoya ayak uydurmaya ve koşmaya çalışıyorsunuz. Neler hissedersiniz? Ayaklarınız dükkânları dolaşmaktan yorulmuş, oyun oynayamıyor ve size hiç hitap etmeyen bir dünyada oradan oraya koşuşturuyorsunuz. Anlıyorsunuz değil mi? Yetişkin olarak huzursuzluklarını anlamlandırırken sencil olmak ve onların duygularını hissedebilmek birazcık empati ile mümkün. O halde onların yorulabildiklerini ve dinlenmeye ihtiyaç duyduklarını hissedip tolerans seviyemizi yükseltelim, olur mu?

Sinirlenebilirler;

Çocukların duygularını tüm zenginliğiyle kabul etmek onların da kendi duygularının farkında olmalarını sağlamak gerekir. Öfke de mutluluk gibi, üzüntü gibi gerçek ve yaşanması son derece normal bir duygudur. Çoğu zaman öfke duygusunu anlamlandıramayan ebeveyn öfkeli davranışlara farklı anlamlar yüklemeye başlar. Çocuğun neden öfkelendiğine odaklanmak yerine çocuğun öfkesine dikkat kesilir. "Bana böyle bağıramazsın.", "Kes artık vurmayı!" gibi cümleler kurar. Hatta çocuğun öfke duygusunu doğru kontrol edemediği için ortaya çıkan şiddetten rahatsızlığını da gene şiddet barındıran cümlelerle kontrol etmeye çalışır birçok insan. "Bağırmaya devam edersen dayanamayacağım, döveceğim seni!" Bu ise hiçbir şekilde sağlıklı bir netice vermez.

Ebeveyn ve eğitimciler olarak genelde nedense çocukların belli bir yaşa kadar sakin, uslu olmalarını, bir dediğimizi iki etmemelerini, her sözümüzü dinlemelerini isteriz. Bu isteğin ardında çocuğumuzun bizler gibi zengin duygularla doğduğunu ve bu duygular sayesinde ihtiyaçlarını fark edeceğini unuturuz. Yani öfke çocuklar da gelişimsel sürecinin bir parçasıdır. Kişi, yapmak istediği bir davranış birisi tarafından engellendiğinde, kendini yeteri kadar ifade edemediğinde, sınırları ihlal edildiğinde öfke açığa çıkar. Ve aslında sınırlarını koruması, alan ihtiyacını karşılaması için muazzam bir ikramdır öfke duygusu.

Zaman zaman açığa çıkan öfkenin karşıdaki bireye bir şeyler anlatmaya çalıştığını fark etmeli ve ihtiyacını görmeliyiz. Mesela sık sık küçük kardeşi tarafından ısrarla oyununu bozulan çocuğun öfke duygusu açığa çıkıp karşılık verebilir. Bu kardeşini kıskandığı için karşılık verdiği anlamına gelmez. Alan ihtiyacı karşılanmadığı için öfkeleniyordur.

Çocuğun öfke duygusunun saldırganlığa dönüşmemesi için bu duyguyu inkar etmeden ve bastırmadan nasıl kontrol edeceğini öğrenmesine rehberlik etmeliyiz. Bunun için yapabileceklerimiz ise öncelikle neden öfkelendiğini bulmak ve hangi ihtiyacının karşılanmadığını iyi analiz etmektir. Öfkesini anlatmaya çalışan çocuğu susturmayın, ceza veya şiddetle karşılık vermeyin ve asla geçiştirmeyin. O anda durumla ilgili uzun açıklamalar veya yorumlar yapmaya çalışmayın, sakinleşmesini bekleyin. Çocuğu öfkelendiği ortamdan uzaklaştırın, sakinleşmesi için zaman verin ve sabırlı olun. Derin derin nefes almasına teşvik edin. Zihin olarak biraz sakinleşmesini sağlayın. Sakinleştikten sonra neye öfkelendiğini, neye ihtiyacı olduğunu sorun. Bunlar üzerine kendini ifade etmesine izin verin. Onu anladığınızı ifade ettikten sonra eğer durum kişiyle ilgiliyse onunla empati yapmasını sağlayın. Diğer kişinin neler hissetmiş olabileceğini sorun. Uzlaşma bulabileceği veya ihtiyacını karşılayabileceğimiz bir alternatif düşünmeye veya kendini daha sakin ifade etmesinin mümkün olduğu yolları görmesine teşvik edin, bunun üzerine sohbet edin. Üslup olarak şu şekilde yaklaşabilirsiniz:

Çocuğunuz Öfkeliyken Sakinleşmesine Yardımcı Olacak İfadeler

> "Seni anlıyorum, çok öfkelisin veya üzgünsün."
>
> "Şimdi öfkelendin, biraz sakinleşmeni bekleyeceğim. Ondan sonra konuşabiliriz."
>
> "Bağırdığında seni anlamıyorum. Konuşmak isteyeceğin zaman buradayım."
>
> "Sen biraz sakinleşince karar vermek ve konuşmak istiyorum."
>
> "Şu anda kendini kötü hissediyorsun. Sana öğrettiğim nefes alma egzersizi sana yardımcı olur. Birbirimizi daha iyi anlamak için sakinleşince de konuşalım, tamam mı?"
>
> "İstersen biraz sarılalım, ne dersin?"

Öfke duygusu çocuğun tüm hayatına hâkim olduysa, saldırgan davranışları kontrol etmekte zorlanıyorsa ve hayatın normal akışının dışında öfkeli hallerle karşılaşıyorsak o zaman önce çocuğun nörolojik ve biyolojik durumuna bakmalı, sonra şayet biyolojik bir sıkıntı yoksa ruh sağlığı anlamında doğru yönlendirebileceğine inandığımız profesyonel bir destek almalıyız.

Çok hareket etmek isterler;

Hangimiz çocuğumuzun enerjisini hayretle izlemiyoruz? Hangimiz hiç durmadan hareket etmesinin nasıl mümkün olduğuna şaşırmıyoruz? Bitmeyen gayretinde bir hikmet olduğunu idrak edince susturuyoruz kendimizi. Çok iyi biliyoruz ki gelişiminin sağlıklı olması için bu enerji gerekli.

Aslına bakarsanız ebeveyn olarak birçoğumuz hareketli çocuktan şikâyet etse de hareketsiz çocuk da pek istemeyiz. Yerinden hiç kalkmayan, ne istersek yapan bir çocuğunuz olsa bir tuhaflık olduğunu düşünebiliriz hepimiz? Ve ebeveyn olarak çok da iyi şeyler hissetmeyiz bu durumda. Yıllar önce kızım için anaokullarını gezerken bir anaokulunun 5 yaş grubunda okulun son saatleri olmasına rağmen sınıfta her şeyin yerli yerinde olduğunu fark etmiştim. Çocuklar mum gibi oturuyorlardı, oyuncaklar kutularında ve etrafta hiçbir dağınıklık belirtisi yoktu. Bu yaş grubunda bu kadar dikkatli, hareketsiz bir çocuk topluluğu için "normal" diyebilir miyiz? Ben normal olmadığını düşündüm doğrusu. Öğretmenin titiz ve mükemmeliyetçi yapısını da konuşunca hissettim. Kalbim acıdı. Bu düzen beni rahatsız etti. Çünkü bu yaş grubunda bu düzenin sağlanması, çocukların iç dünyasında büyük bir düzensizliğin başlangıcı olabilirdi. Üzülerek uzaklaşıyorken öğretmenin ses tonu, koridoru delip geçen bir harfler ordusu olarak hislerimi haklı çıkardı.

Hareket; öğrenmenin, fiziksel ve zihinsel gelişimin bir parçasıdır. Hareket; yaşam belirtisidir, "hayat"tır. Ebeveyn bu gerçekliği kabullendiğinde esasen kendi dinlenme ihtiyacını karşılamak için çocuğunun koşturmasını, konuşmasını, hareket halinde oluşunu engellemeyecektir. Sadece bu ihtiyacını nasıl karşılayabileceği konusunda yeni yollar bulmaya çalışacaktır.

Ebeveyn olarak yaş grubu ve gelişimsel dönemine göre hareketli oyun alternatiflerini araştırıp bu konuda destek olmak gerekir. Özellikle pandemi döneminde evde ve ekran karşısında geçirilen sürenin artması nedeniyle bu ihtiyacın karşılanması zorlaştı. Bu tür süreçleri daha sağlıklı atlatmak için önerebileceğimiz bazı alternatif etkinlikler var elbette. Ailecek oynanabilecek 7 yaş üzeri için bazı oyun önerilerini şöyle sıralayabilirim:

Eviniz koridor zeminine elektrik bandını kullanarak çocuğun bazen tek ayak yürüyebileceği, bazen zıplayabileceği ve bazen de sek sek oynayabileceği parkurlar hazırlayın.

Evdeki herkes kendisiyle ilgili bir özelliği anlatabilecek üç tane eşya seçsin. Ve herkes seçilen eşyanın o kişiyle ilgili hangi özelliği anlattığını bulmaya çalışsın.

Çok iyi bilmeliyiz ki çocuk istemiyorsa kimseyi öpmek ya da kimseye sarılmak zorunda değildir. Bu hususlar sadece çocuklar için değil, tüm insanlar için geçerlidir.

Herkes hayatlarındaki en mutlu günü canlandırmaya çalışır sırayla. Hiç konuşmadan, sadece hareketlerle anlatın ve diğer aile üyeleri de hangi gün olduğunu bulmaya çalışsın.

Bir pinpon topunu kaşığa oturtun ve kaşığı sapını ağzınızla tutun. Ailenizin söylemenizi istediği tekerlemeyi topu hiç düşürmeden ve gülmeden söylemeye çalışın. Yahut gene kaşıkla topu tutarken yere elektrik bandıyla çizeceğiniz çizginin üzerinden hiç şaşırmadan ve topu düşürmeden varış noktasına varmaya çalışın.

Bir kişi müziği kontrol etsin. Yumuşak bir top veya iç içe geçmiş bir çorap öbeğini el altından bir aile üyesine atın. Müzik durana kadar mümkün olduğunca hızlı bir şekilde birbirinize atın. Müzik durunca top kimin elinde kalırsa oyundan çıksın, ta ki son kişi kalana kadar.

Oyuncuların önüne iki tane sehpa konur. Oyuncunun uzağındaki sehpaya bir adet bardak bırakılır. Oyuncu elindeki pinpon topunu önünde duran boş sehpaya değdirerek diğer sehpadaki bardağın içine atmaya çalışır. Topu bardağa atan ilk oyuncu oyunu kazanır.

Bu oyunlar sadece çocuğun hareket ihtiyacını karşılamakla kalmaz aynı zamanda aile bağlarını da kuvvetlendirir. Çocuğun birçok sosyal beceriyi kazanmasına da vesile olur.

Uyumak istemeyebilirler;

Çocukları anlamanın en kısa yolu onlarla hayalen yer değiştirmenizdir. Düşünsenize, birisi sürekli sizin ne zaman uyuyacağınıza, acıkacağınıza, uyanacağınıza karar veriyor. Evet, tabii ki bir rutin evde herkes için her zaman vardır. Lakin bununla birlikte çocuğun fiziksel olarak gerçekten uyku ihtiyacı yokken saati geldi diye uyutmaya çalışmak onun yerine kendinizi koyduğunuzda çok da kabul edeceğiniz bir şey gibi gelmez.

Biz yetişkinler vücudumuzu dinler, ihtiyaçlarımıza vücudumuzdan gelen sinyalleri dinleyerek karşılık veririz. Acıkınca yemek yer, uykumuz gelince uyuruz. Aynı şey çocuk için de böyleyken biz onların kendi ihtiyaçları doğrultusunda hareket etmelerini engelleriz. Mesela onun uykusu gelmemiştir ama anne babanın dinlenmeye ihtiyacı vardır. Bu durumda çocuğun uyuması istenir. Sonuç aslında o kadar da masum olmaz. Çocuk bir gün büyüdüğünde kendisinin ve karşısındakinin ihtiyaçlarına yabancı ve duyarsız hale gelir.

Şimdi kendimize soralım; çocuğun uykusu gelmeden uyumama hakkı var mı? Aslında var ama bazen şu da olabiliyor; çocuğun gelişimi ve sağlığı için uyuması gerekiyor. Çocuk uyuma ihtiyacı olduğu halde uykuyu geciktirmeye çalıştığı için ebeveynler olarak bazı yollara başvurabilir, bazı ritüeller uygulayabiliriz.

Öncelikle ayırdına varmamız gereken bazı durumların farkında olmak gerekir. Bazen çocuk uyuduğu vakitlerde devam eden hayatı kaçırmak istemiyor olabilir. Bunun tespitini dikkatle yaptıktan sonra en azından çocuk bu alışkanlığı kazanana kadar herkesin uykuya geçtiği bir rutin oluşturulur. Gerçekte herkesin uyuması şart değildir elbette ama herkesin kendi alanına çekilmesi, hareketli ve eğlenceli süreçlerin sakinlemesi önemlidir. Mümkünse uyumadan bir saat önce teknolojik aletlerden uzak durmak, daha sakin eylemlerle meşgul olmak gerekir.

Çocuğun 8 yaşına kadarki sürecinde ona eşlik etmenizi istemeleri, size ihtiyaç duymaları makuldür. Ayrıca bağlanma için de fırsattır. Bir süre çocuğa eşlik etmeniz yararlı olacaktır, en azından bazı zamanlarda yanında bulunmanız gerekebilir.

Çocuk eğer bir korku nedeniyle uyumak istemiyorsa "Ne var canım korkacak, kocaman çocuk oldun hâlâ korkuyorsun!" gibi yaklaşımlar çocuğa sadece onun duygularını görmezden geldiğinizi hissettirir. Onun korku ve kaygıları hiçbir yere gitmez. Onun yerine korkularını dinlemek, bununla ilgili korkutmayan yol gösterici kitaplar okumak ve korkularıyla nasıl baş edeceklerini öğretmek, etkilendikleri şeyleri kontrol etmelerine yardımcı olmak önemlidir. Uyku öncesi güzel hayaller kurmalarını teklif etmek, başlatmak ve devamını onlara bırakmak da güzel rüyalar için onlara yardımcı olacaktır.

İstemediğini sevmeyebilir ve öpmeyebilirler;

Mahremiyet eğitiminin önemli konularındandır. Çocuk istemediği hiç kimseye yaklaşmak zorunda değildir. Hele de "Beni öpersen sana çikolata vereceğim.", "Öpsene kızım amcayı, aaa ne kadar ayıp, bak seni nasıl seviyor!" gibi cümlelerle istemediği bir konuda onu zorlamak başka bir sürü olumsuz davranışa gebedir. Bu nedenle çok iyi bilmeliyiz ki çocuk istemiyorsa kimseyi öpmek ya da kimseye sarılmak zorunda değildir. Bu hususlar sadece çocuklar için değil, tüm insanlar için geçerlidir.

Mahremiyet eğitiminde önemli noktalardan biri de mahrem bölgeler hakkındaki eğitimdir. Öncelikli mahrem olan bölgeler 2 yaşından itibaren anlatılmalıdır. Bu bölgelere anne, nene, bakıcı gibi birincil bakım veren kişilerin dışında kimsenin dokunamayacağı çocuğa uygun bir dille ifade edilmelidir.

4 yaşından itibaren çocuğa bir yetişkinin dokunacağı durumlarda yetişkinin o temasın nedenini açıklaması, çocuğun beden imgesini oturtmasını sağlayacaktır. Çocuk istemediği halde

onu zorla öpmek doğru değildir. 5 yaşından itibaren çocuğun odanıza girerken izin alarak ya da kapıya tıklayarak girmeleri gerektiği muhakkak çocuğa öğretilmelidir. Tuvalet kapısını kapalı tutmaları ve kimsenin yanında üstlerini değiştirmemeleri gerektiği öğretilmeli ve bu alan ihlalini kardeşlerin de yapmamasına dikkat etmek gerekir. Ebeveyn gayet iyi niyetli bir şekilde sevmek için bile olsa çocuğu zorlamaz ve ona saygı duyarsa çocuk kendi alanını korumayı bilinçli bir şekilde öğrenir.

Bunlar dışında bazı haklar da vardır ki çoğu zaman yetişkinler olarak çocukların bu haklarını görmezden geliriz ya da unuturuz: Çocukların ağlama, öfkelenme, kıskanma, ısrar etme, uyumak istememe, istediği kıyafeti giyebilme, merak etme gibi doğal hakları vardır. Peki, ebeveyn olarak bu davranışlar istediğimiz gibi olmadığında neden sert tepkiler veriyor, yoğun duygu durumları yaşıyoruz? Çünkü çoğunlukla çevreden gelen yorumlar kendi üzerimize alınıyor ve öyle anlamlandırıyoruz. Kendi ihtiyaçlarımızın karşılanması, çocuklarımızın ihtiyaçlarından daha çok ön plana çıkıyor ve tepkilerimizi kontrol etmekte zorlanıyoruz. Kalbimizde o an bizi sinirlendiren davranışın hangi duygumuza, hangi yaramıza dokunduğunu bulabilirsek tepkilerimizi iyileştirebiliriz. Ve iyileştirmeliyiz de.

Yaşam Şifasını Nerede Aramalı?

"Biz çocuklarımıza yaşamı öğretmeye çalışırken onlar bize yaşamın ne anlama geldiğini öğretirler."

Angela Schwindt

Empati İksiri

Aslında hepimizin anlaşıldığını hissedebilmesi için ihtiyaç duyduğu önemli bir iletişim aracı empatidir. Anlamaya çalıştığımız kişinin halini, durumunu onun gözünden görebilmektir. Kızılderililerin tabiriyle: Komşunun çarığıyla pazara çıkmak. Tabii bu okunduğu kadar kolay yaşanmıyor. "O" olmak nasıl bir şey? "Ben'i" kenarda bırakmak mümkün mü? Onun ihtiyaçlarının temeline inip bağlantı kurmak mümkün mü? Karşımızdaki kişinin kullandığı sözlerin gerçekten onun için ne anlama geldiğini can kulağı ile dinleyip anlamaya çalışmak yeterli mi? İlişkilerde geçiştirmeden, oyalamadan, baştan savmadan, teselli etmeden "şimdi"ye gelerek karşımızdakini önyargılarımızdan sıyrılıp anlamak mümkün mü?

Empati kurma yeteneğine sahip olan insanlar başkalarının duygularını ve durumlarını hissetmekte hiç zorlanmazlar. Ve her

"Sonra inanıp birbirlerine sabır tavsiye edenlerden, merhametli olmayı tavsiye edenlerden olmaktır."

(el-Beled, 90/17)

insan bu yeteneğe sahip bir şekilde dünyaya gelir. Peki neden sonrasında empati duyamaz hale gelir? Çünkü çocukken fark edilmedikleri, duyulmadıkları, çocukluğunun soğuk koridorlarında kendi kendine çığlık attıkları için yetişkin olduklarında bu defa onlar fark edemez ve duyamazlar; empati kuramazlar.

Duymak çok mühimdir doğrusu. Önce kulakla, sonra kalple gerçekleşir. Kulağın her duyduğunu kalp duyamaz. Duymadığı bir şeyi de anlayamaz ve iletişimde zorlanır. Önce kendini, sonra başkalarını duyan insanlar bir kalbi olduğunu unutmayanlardır. Kalple hareket edenler kolay kolay yanılmazlar, şaşırmazlar. Kalbin duyabilmesi için "empati" yeteneğini muhafaza etmemiz gerekir.

Neden bu kadar önemlidir empati? Çünkü aslında sadece birini anlamamızı kolaylaştırmakla kalmaz, daha iyi sosyal etkileşim kurmayı, insan olarak bir başkasının derdiyle dertlenmeyi, dertleri ve yükü paylaşarak hafiflemeyi sağlar. Akademik performans ve iş hayatında başarılara da katkısı vardır. Çocukların kendileriyle ilgili kararlar alırken başkalarına zarar vermemelerini, onay ve kabul arayışına girmemelerini sağlar. Bu, onları negatif akran baskısına ve madde bağımlılığına, zorbalık ve narsisizme, saldırganlığa ya da uyumsuz davranışlara karşı koruyabilir.

Ayna nöron dediğimiz bilimsel tespit önemli bir buluştur. Nedir ayna nöron? Bir insanın çektiği ızdırabın aynısı, onu hisseden diğer kişiyle aynı sinir hücreleriyle uyumlu olarak harekete geçer. Yani beyinde harekete geçen sinir hücresinin aynısı diğerinde de hareketlenir. Rahmani bir öğretidir ki bir başkasının acısını ona dikkat kesilen bir kişi rahatlıkla hisseder. Hissedar olan iki kişi birbiriyle dinlenir. Empati, hislerden hissedar olmaktır.

Çocuklarda Empati Gelişimi Nasıl Seyreder?

0-1 yaş döneminde bebeklerin birbirlerinin ağlamalarını duyduklarında karşılık verdikleri ve eşlik ettikleri görülür. Bu duygusal uyum, empatinin ilk belirtisidir. 1-2 yaş civarındaki bir çocuk, karşısındakinin ne hissettiğini tam anlamaya çalıştığından karşısındakinin hareketlerini taklit etme yeteneğini kullanır. 2-3 yaşın sonlarına doğru diğer insanların duygularının, kendi duygularıyla aynı olmadığını fark etmeye başlar. Ve kendi ihtiyaçlarını belirleyerek olaylarla ilgili yorumlar yapar. Rol yapma yeteneği kazanır.

3-5 yaşından itibaren çocukların, diğer çocukların sıkıntılarını anlayıp onlara yardım ettikleri gözlenmektedir. 6-9 yaşından itibaren olayları başkasının açısından görme ve uygun bir şekilde davranabilme evresinin başlangıcıdır.

Bu yaşlarda çocuğun dil becerisi gelişir ve soyut düşünme düzeyi artar. Bu yeteneklerinin gelişmesiyle beraber diğer insanların başlarına gelenleri de algılayabilir. 10-12 yaş itibariyle de empati kurarak başkalarını anlama becerisinin, yakınlarının ötesinde de gerçekleştiğini gözlemleyebildikleri ifade edilir. Dünya sorunlarıyla ilgilenir, masumun derdiyle dertlenir.

Bu gelişim basamaklarıyla empatinin tedricen değişmesinden ve gelişmesinden de anlıyoruz ki empati insanların birbirlerini anlaması için önemli bir gelişim basamağıdır. Çoğu iletişim problemlerinin oluşmasına engel olduğu gibi yaşanan çatışmaların da en az zararla çözümlenmesine imkân sağlamaktadır.

Empati her insanda var olmasına rağmen zamanla geliştirilmezse bir süre sonra kişi kendini duymamaya başlar. Kendini işitemeyen, kendindekini göremeyen bihaber ruhlara eşlik ederiz.

Empati yapabilen duyarlı insanlar olmalarını teşvik etmek için onların duygularına, gerçek ihtiyaçlarına kulak kesilmek, onları fark ettiğimizi kendilerine hissettirmek, sonra başkalarının gerçek ihtiyaçlarını nasıl duyacaklarını onlara öğretmek gerekir. Çünkü başkalarının duygu ve düşüncelerini değiştirmeye veya kontrol etmeye çalışmak yerine onlarla bağlantı kurmayı denemek daha gerçekçi ve makul olmaz mı? Birini yargısızca dinlemek, onun incinen duygularını fark etmek önemli bir beceridir ve bunu kazanmak pratik gerektirir. Bazı pratikler yapıp çocuklarla iletişimde denemeyi önceleyebilirsiniz.

Savunmasız, önyargısız dinleme sanatını kullanın. Savunmacı dinleme nasıl olur? Çocuğunuz size bir şey anlatırken kendinize bir saldırı gibi algılıyor ve içinizden müdafaaya geçiyorsanız savunucu dinleme gerçekleştiriyorsunuz demektir. Yani söylenenleri olduğu gibi duymuyorsunuz, dolayısıyla da tam olarak çocuğu anlamıyorsunuz demektir. İtiraz etmeden, savunmadan, amalar olmadan dinlemek, empati yapabilmenin önemli adımıdır.

Çocuğun duygularını merak edin ve keşfedin. Empati yapabilmek için önce diğerinin duygularını anlayabilmek gerekir. Anlayabilmek için de öncelikle merak etmek oldukça kıymetlidir. Birinin sizi gerçekten anladığını hissediyorsanız duygularınızı da anlamaya çalıştığını fark edersiniz. O nedenle çocuğunuzla iletişim kurarken "Burada ne hissetmiştin?" gibi duygu hatırlatan sorularla etkileşim içinde olabilirsiniz.

Kimin haklı/haksız olduğunu bir kenara bırakın. Her durumda haklı olmayı istemek ve başkasının hislerini görmezden gelerek egoyu tatmin etmeye çalışmak mutlu eder mi gerçekten insanı? Anlık bir keyif ve tat verse de, "Ben demiştim!" demenin garip bir anlık hazzı olsa da uzun vadede kimseyi mutlu etmez. İletişimi de baltalar. Ayrıca empatinin önündeki en büyük engellerden biridir.

Duyguların altında yatan ihtiyaçları dinleyin. Çalışmalar bize evde duygusal ihtiyaçları giderilen çocukların daha güçlü empati duygusu geliştirebileceklerini gösterir. Duygusal ihtiyaçların sağlıklı bir şekilde giderilmesi için de fark edilmeleri gerekir. Her his bize ihtiyaçlarımızdan haber verir "Hangi ihtiyacın karşılanmadığı için böyle üzgün hissettin?" ya da "Hangi ihtiyacın karşılansaydı öfkeli hissetmezdin?" şeklinde sorular sorarak durumu anlama çabası çocuğu ihtiyacına bakması için; ebeveyne de onun ihtiyaçlarını anlayabilmesi için yardımcı olur.

Başkalarına karşı anlayışlı olma gibi konularda ona model olun ve bunu teşvik eden fırsatları değerlendirin. Onlar sizi sürekli izliyor ve aslında sözcüklerinizden daha tesirli olan halinizi model alıyorlar. Bu nedenle siz de ilişkilerinizde halinizle empati yapmaya özen gösterin.

Çocuklar diğer rolleri ve bakış açılarını keşfederken onlara yardımcı olun. Kitaplar, oyunlar, yaşadıkları olaylar bir başkasının bakış açısını anlamaları ve deneyimlemeleri için fırsattır. Karakterler ne hissediyor, neye inanıyor, ne düşündüler, nasıl davrandılar gibi soruların cevaplarını beraberce düşünün ve bulun.

Çıkarımlarınızı çocuğa aktarın ve nereye kadar onu anladığınızı/anlamadığınızı teyit edin. Dinlediğimiz veya duyduğumuzu diğerine olduğu gibi aktarmak onu doğru anlayıp anlamadığımızı teyit etmeyi de sağlar. Yüzünüzü ve bedeninizi kullanarak onu anladığınızı ifade etmek, diğerinin de bunu hissetmesine sebeptir. Mesela; bir sıkıntımız olduğunda ya da öfkelendiğimizde bunu ifade ettikten sonra bizi dinleyen kişi omzumuza dokunur, "Son günlerde çok öfkelenmişsin, yorulmuşsun, üzülmüşsün," diyebilirse duygularımızı ve bizi anladığını hissedebiliriz.

Şefkat İksiri

"Sonra inanıp birbirlerine sabır tavsiye edenlerden, merhametli olmayı tavsiye edenlerden olmaktır."

(el-Beled, 90/17)

İnsan olmanın çok fazla ortak paydası vardır. Hangi ülkede, hangi renkte, hangi dilde, hangi dinde yaşarsan yaşa duyguların rengi aynıdır. Acı, dünyanın her yerinde aynı şekilde hissedilir.

Hepimizin yapabildikleri, yapamadıkları, bildikleri, bilmedikleri, umutları, korkuları, endişeleri, hayal kırıklıkları vardır. Herkes kotasının alabileceği bir acıyla sınanır yeryüzünde. Şefkat; onulmaz, iyileşmez sanılan yaraları iyileştirme gücüne sahiptir. Bir başkasının ızdırabını anlamak, onu hafifletmek ya da azaltmak arzusu taşımaktır. Pasif bir duygu değildir, aksiyonel bir duygudur. Harekete geçebilmemizi sağlar. Bu dünyada kendimizden ibaret olmadığımızı hissetmemizi sağlar. Ayaklarımızın dibine bakmayı bırakıp etrafımızda neler olup bittiğini görmemize yardımcı olur.

Bediüzzaman Said Nursi Hz.'nin çok evla bir tanımı var. Der ki şefkat tarifinde; "Rahmet-i İlâhiye'nin en lâtîf, en güzel, en hoş, en şirin cilvelerinden olan şefkat, bir iksir-i nuranîdir."

Bu öyle bir Hakk'ın latif güzel iksiri; bizi başkalarına yakınlaştırır, alçakgönüllülük ile elimizden gelenin en iyisini yapmaya davet eder. Şefkat madeni; anne kalbidir. Bağlanmadan ibaret olan dünya hayatında çocuğun ilk bağlandığı kişi annedir. Ve insan hayatı boyunca bu bağlantıyı kurma, onarma ve tedavi etme çabasındadır. Bu bağlantı anne çocuk arasındaki davranışlar sırasında his aktarımıyla sağlanır. Ve bağlantı, sevgi ve şefkat duygularıyla güçlenir.

Çocuğun kabını annesinden aldığı sevgi ve şefkatle doldurması anlamında da çok önemlidir. Mesela emzirmek fiziksel bir davranıştır. Şefkatle ve sevgiyle emziren annenin duygusu güvenli bir bağlanmayı mümkün kılarken aksi bir şekilde huzursuz davranışlarla karşılaşırsa çocuk, duyuramazsa sesini eğer ileride başkasını duyup ona şefkat gösterebilmesi de çok mümkün değildir.

İnsanın ilk tercih ettiği davranış ve duygu her zaman en çok aşina olduğu duygudur. O nedenle aslında anne babanın en önemli vazifesini Nobel Barış Ödülü'nü kazanan hekim ve filozof Albert Schweitzer şöyle tanımlar, "Bir çocuğa bir şey öğretmenin sadece üç yolu vardır; birincisi örnek olmak, ikincisi örnek olmak, üçüncüsü örnek olmak."

Şefkat şu üç merhalede tezahür eder:

Acıyı Hissetmek ve Yönetmek

Çocuklarımız hiç incinmesinler, üzülmesinler, kırılmasınlar isteriz. Fakat hayat çok da böyle bir yer değildir. Değiştiremediğimiz olaylarla, hayal kırıklıklarıyla karşılaşırlar. Anne babanın yapacağı en önemli vazife esasen duygularını düzenleyebilmeleri, olumsuz duygularıyla baş edebilmeleri ve yönetebilmeleri hususunda onlara rehberlik etmektir. Düşmesin diye çabalamak fıtri olmadığı için hem çocuğu hem anneyi yorar. Düştüğünde nasıl kalkacağını öğretmek ise yanında olamadığımız her an içinde çocuğa yardım eder.

Acıyı hissetmeyen acıtır, üzüntüyü hissetmeyen üzer. Bu duyguları hissetmeleri onları daha güçlü kılar, bu tür duygularla baş etme potansiyellerini artırır. Duyarlıve naif insanların ezildikleri söylentisine inat, nasıl büyük bir olgunlukla can yakanları bile terbiye edebildikleri çok tekrarlanan bir hadisedir. Bu nedenle bilgileri revize etmek gerekir. Duygularının farkında olan, ne hissettiğini rahatça ifade eden, karşılaşacağı olumsuz hadiselerle baş etmeyi öğrenebilen, kendine güçlü ve sarsılmaz hakikatler bulan çocuklar yetiştirmek niyetinde olmak gerekir.

Başkalarının Acılarını Anlamlandırabilmek

"Acı duyabiliyorsan canlısın; başkalarının acısını duyabiliyorsan insansın."

Tolstoy

İnsan olmak başkalarına da dikkat kesilebilmekle ilgili ve mümkündür. Çünkü insan dışındaki diğer canlılar, zarar verdikleri varlıklara ne olduğu konusunda fikir ve his sahibi değildirler. Ancak insan mertebesinde olan birisi can acısını gerçekten kendisi yaşamış gibi hissedebilir. Ve hissedebilirse anlamlandırabilir. Yaşadığı hikâyenin içinde yaşadıklarını anlamlandırmak, olduğu gibi kabul edip anlamaya çalışmak daha geniş bir gönül kabı ikram eder. İnsandan insana yol vardır, bu yolları aşılmaz kılan engeller, bariyerler ancak anlaşılır olduğunu, duygularını hissettiğini gördüğünde yol alabilmek için fırsat verir. "Gönül ahvalini söylemenin imkânı olsaydı dağ bile deniz gibi çırpınmaya başlardı," diyor Mevlana Hz. *Divan-ı Kebir*'de. Hale dikkat kesilen herkese hisler tesir eder. Biraz dikkat ve rikkat ile bakmak yeterlidir.

Kendi içinde kaybolmak istemeyen ve başka kapılar ardında hikâyeler olduğunu fark eden kişi bazen daha büyük acılara şahit olduğunda "kimseye kaldıramayacağı yükün yüklenmediği" hakikatine ulaşan diğerinin hikâyesinden hissesine düşeni alır. Bir başkasını anlamak ya da onun kederini anlamlandırmak için tüm acılara vakıf olmak da gerekmez.

Gerçekten dikkat kesilirsen sağır da olsan içindeki tüm keskinlikleri yıkan duyguların çığlıklarını duyabilirsin. Hakk'la bağı kurarsan her şeyi anlamlandırabilirsin. Anlama ulaşmanın hikmeti ise hayatın geri kalanındaki boşluğu daha anlamlı doldurmanın bir yoludur.

Rağmen Harekete Geçebilmek

İyiliğe adım atmak, aksiyonel bir adımdır. Elinden geleni yapabilmektir. Fazlaca sanal acı görüntülere maruz kaldığımızda kanıksar ve hissizleşiriz. Bu da insanı hareketsiz yapar. Sanal şefkat, gerçek şefkat değildir ve yer yer çok tehlikelidir.

Hareketsiz bir halde oturduğun yerden başkasının acısını anladığını düşünmenin adı "şefkat" değildir. Oysaki metropol tantanaları başkasını duymaya, başkasına ulaşmaya ve merhamet etmeye engel olmamalı.

Ailede şefkat duygusunun tesirine bakarken üç alana da dikkat etmeliyiz. Çünkü şefkat duygusu kendinden başlayarak aile fertlerine yayılır ve tesis edilir.

Metropol Tantanalarında Ne Âlemdesiniz?

Kendinize Şefkat (özşefkat)

Dalai Lama, "Eğer başkalarının mutlu olmasını önemsiyorsanız şefkate odaklanın; eğer siz mutlu olmak istiyorsanız yine şefkate odaklanın," diye sıkça vurgular. Özşefkat; insanın kendisine yaptığı olumlu olumsuz yargılardan uzakta durabileceği ve sükûnete erebileceği bir sığınaktır.

Başkalarıyla kurduğumuz ilişkinin çekirdeğinde kendimizle kurduğumuz ilişki yatar. Yani insan kendi yaralarını iyi edemeden başkasına şifa dağıtmakta zorlanır. En çok ve en kolay kendine kıyar. Kendine kıyım, insani ve İslami bir tercih değildir.

> "Kalbi eğitmeden,
> aklı eğitmek eğitim değildir."
>
> Aristo

Kendinize fısıldadığınız cümleleri bir düşünsenize? Mesela acı çekerken kendinize nasıl davranırsınız? Cümleleriniz nasıldır? Kendinizle nasıl bir ses tonuyla konuşur, kendinize nasıl yaklaşırsınız? Zor anlarda kendinize nasıl destek olursunuz? İç sesleriniz ne der? Yargılayıcı ya da suçlayıcı mıdır yoksa daha şefkatli ve kucaklayıcı mı?

İnsan kendisiyle hep konuşur konuşmadığını düşündüğü zamanlarda bile derinlerde fısıldar kendisine. Bir yanı yaşadığı ve deneyimlediği her şeyin dışında hareket etmek isterken bir yanı güvenli gördüğü ve aşina olduğu tarafı seçer. Bu çekişme esnasında korkuları, kaygıları, önemsedikleri, boş verdikleri hepsi kendine fısıldadığı cümlelerin zeminini oluşturur. İnsan olduğu haliyle yaşayabilse, bu farkındalıkla ilişki kurabilse, kendini gözetebilse ve şefkatle sarmalasa iyileşme başlar.

Kim kendisine şefkat etmekte zorlanır? Kendisini kınayan, acımasızca eleştiren kişilerin çoğunlukla fazlaca eleştiriye, aşağılanmaya, şiddete, istismara, ihmal ve ilgisizliğe maruz kaldıkları görülmüştür. Fakat bireyin iradi bir tercihle kendine şefkat etmesi noktasında duyguları iyileştirilirse yaraları da iyileşir. İradesinin olmadığı durumların içine kendini ve sevdiklerini hapsetmekten kurtulur. Ancak kendisi kurtulan birisi başkasına da safiyetle şefkat eder. Genel olarak kendinize öfkeli davranmaya başladığınız zamanlar, başkalarına olan öfkeyi kendinizden çıkardığınız zamanlardır. Burada sizi öfkelendiren şeye odaklanmak yerine ondan dikkatimizi çekmek ve düşüncelerden uzaklaşmak sizi sakinleştirir. Kendinize şefkat etmeye niyet ettiğinizde bilişsel olarak size yardımcı olacak hususlar ise şöyledir:

- Kendinizle ilgili pozitif özellikleri açığa çıkarmak,
- Güçlü taraflarınızı listelemek,
- Cesur adımlar atmak.

Olumlu bir takım anıları hatırlamak ve geleceğe dair umut dolu bir şekilde kendinizle ilgili hayaller kurmak incinmiş taraflarınızı onarır. Fakat bilişsel düzeydeki bu inancı destekleyen kanıtlara ihtiyaç vardır. Yani olumlu özelliklerinizi düşünmek tek başına yetersiz kalabilir. Bu nedenle olumlu özelliğinizle ilgili veriler toplamak düşüncenizi destekler ve olumlu hislerinizi çoğaltır. Bu çoğaltma niyeti, davranışı ve gerçekleri görmezden gelmeyi sağlamaz; aksine başka olumlu gerçeklikleri de ortaya çıkarır. Ve olanı olduğu gibi kabul etmenin, şefkatle daha iyi hissettirenlere odaklanmanın ve ancak böyle yol almanın mümkün olduğunu hissettirir. Bu duyguya sahip olduğunu hissettiren davranışlar gerçekleştirmek de sizi kıyımdan uzaklaştır.

Hatalar, yanlışlar, kontrolümüz olmadan başımıza gelen olumsuz olaylar için kendinizi ve sebep gördüklerinizi suçlamayı bırakmalısınız. Buradaki tövbeye götüren dengeli ruh halinin kıvamını kaybetmeden olanı olduğu gibi kabul etmeyi deneyimlemeli ve hataları affetmelisiniz. Omzunuzda ve zihninizde yıllarca bu yükleri taşımak sadece sizi yorar ve öfkeli birisi haline getirir.

Velhasıl önce kendine şefkat etmeli insan, kendini olduğu haliyle sevmeli, kibrinden ötürü değil Yaradan'dan ötürü sevmeli. "Hoşça bak zatına, Zübde-i alemin özüsün sen" sırrıyla Hakk'a sonsuz bir şefkatle teslim olmalı.

Eşine Karşı Şefkat

Aynı çatı altında birbirinden haberdar olmayan insanların çoğaldığı, birinin içindeki kızıl kıyametten diğerinin haberdar olmadığı bir yuva gerçekten yuva mıdır? Birbirini dinlerken dünya duruyormuş gibi hissettiğiniz, dalgalı bir denizken sakin bir limanda durulduğunuzu hissettiren bir eşten daha öte bir hediye olabilir mi? Yoldan ziyade yol arkadaşının yormadığı bir yolculuğu kim istemez? Bu duygu durumu için sadece sevgi yeterli gelir mi, yoksa aşktan daha keskin, daha zarif ve birbirine yakınlaştıran daha derin şefkat duygusu mu gereklidir? Herkes eşinin öyle olduğunu hayal ederse hayalden öteye geçemez. Ama öyle olmak için niyetlenirse yapabileceği, değiştirebileceği bir ritim olduğunu fark eder. Yuvanın ve anne babanın kalbinde "şefkat duygusu" merkezde olursa çocukların kalbi daha huzurlu başlangıçlara niyetlenir.

Şefkat; aile bireylerini birbirine sımsıkı bağlayan iptir. İlişkinin temel taşlarındandır. Fazlalıklarımızı törpülemenin, zaaflarımızı terbiye etmenin ve duygusal olarak kendimizi zorlayan aşırılıklarımızı dizginlemenin yardımcısıdır şefkat. Muhabbet haberdar olmaktır, haberdar olmanın yolu sohbetten geçer. Birbirinin hikâyesinden haberdar olan, hislerinden hissedar olur. Ve bu hissediş bazı davranışları anlamlandırabilmeyi sağlar. Buradan hareketle anlamlandıran insan diğerini de anlayabildiğinden şefkat duyar.

Birbirinize şefkatli davranıp davranmadığınızı nasıl anlarsınız? Mesela sevdiğiniz insan sizinle acısını paylaştıktan sonra kendinizi ona ne söylerken buluyorsunuz? Yahut ne hissederken buluyorsunuz? Nasıl bir ses tonu ile yaklaşıyorsunuz?

Bu soruların cevapları sevdiğinizi nasıl karşıladığınızın ipuçlarını barındırıyor. Şefkat göstermenin temelde en önemli anahtarı olduğu haliyle kendini kabul ettiğin gibi eşini de kabul etmekten geçer. Zaaflarına, yaşadıklarına, başarısızlıklarına, hissettiklerini anlama çabasıyla şu anda, burada olduğu haliyle, yargılamadan, nefret etmeden, davranış ve kişiyi ayırmayı başararak kabul etmek, şefkat göstermenin emareleridir.

Sevilme isteği, kabul görme isteği, bağ kurma isteğiyle bir araya geldiğimiz ve hayat yolunu adımladığımız yoldaşımızı kabul etmek şefkat ettiğimizi gösterir ve hepimizin buna ihtiyacı vardır.

Çocuğa Karşı Şefkat

"Kalbi eğitmeden, aklı eğitmek eğitim değildir."

Aristo

Dünyanın teknolojiden baygınlık geçirdiği, daha gergin, daha huzursuz, daha mutsuz ve birbirine daha tahammülsüz insanların giderek çoğaldığı bir zamanda çocuklarımızın şefkat ve sevgiye her zamankinden daha çok ihtiyacı var. "Geç" "hiç"-ten iyidir sırrınca hangi yaşta ve anda olursa olsun şefkatle tekrar yeni baştan sarmalayabiliriz birbirimizi. Ve iyileştirebiliriz yaralı hislerimizi. Şefkatin her yarayı iyileştirdiği ve anne babanın kalbinin süsü olduğunu Peygamber Efendimiz (s.a.v.) çok veciz ifade ediyor:

> Peygamber Efendimiz (s.a.v.), Hz. Ali'nin (r.a.) oğlu Hasan'ı okşadı ve öptü. O sırada Peygamberimizin (s.a.v.) yanında et-Tamîmî kabilesinden Akra' b. Hâbis de bulunuyordu. Akra'b. Habis, Peygamberimizin (s.a.v.) bu davranışını düşünerek dedi ki: "Benim on tane çocuğum var, hiçbirini bir gün olsun öpmedim!"

Bunun üzerine Resulullah (s.a.v.) onun yüzüne dikkatle bakıp "Merhamet etmeyene merhamet edilmez," diyor.

Efendimizin (s.a.v.) belirttiği üzere herkesin şefkate ihtiyaç duyduğu sayısız zaman dilimi olacaktır. Bize emanet edilen çocuklarımıza şefkat göstermek, tüm dertlerine merhem olarak sürdüğümüz şifacıdır. Şefkatli ebeveyn, çocuğun ihtiyacıyla ilgili işaretleri kavrayabilen ve bu işaretlerin ne anlama geldiğinin farkında olabilen kişidir. Göz teması ve ses yoluyla çocuğa varlığını hissettirebilir. Çocuğun ihtiyaçlarına şefkatle cevap verebilir.

Şefkatli Yolculuğu Ne zaman Başlamalısınız?

Kalp çarpıntılarını ilk hissettiğimiz anda, henüz kucağımıza almasak da içimizdeki kıpırtılara atfettiğimiz hisler bile o kadar kıymetli ki... Özen göstermek, sevmek, konuşmak, nezaket göstermek, farkındalığımız hepsi şefkat duygusunu sarıp sarmalayan kavramlar. Ve onunla konuştuğumuzda, elimizi saçlarında gezdirdiğimizde veya ruh halimizde deneyimlediğimiz her dokunuş birer duygu kodudur.

Çocuğu Duyarak Doyurmak (Emzirme Süreci, Anlama süreci, Alışma Süreci)

Bir çocuğun fiziksel doğumu, bir annenin psikolojik doğumudur. Anne sevginin saflaşmış halidir. Annenin varlığıyla sağlıklı bağlanma süreci, çocuğun ruhuna sağlam bir ilmek atar. Annenin ihmali veya ihlali ise çocuğun ruhunda kapanması çok zor boşluklar oluşturur.

Özellikle ilk 3 yıl çocuğa dikkat kesilmek gerekir. Emzirme sürecinde annenin bakışlarıyla göz teması çocuk tarafından anlamlandırılır. Şefkat ve sevgi bu özel anlarda paylaşılır. Böylece güvenli bağlanma dediğimiz bağlanma süreci oluşur. Bu "hal" bulaşıcıdır ve tesirlidir. Bu duygusal rezonans kenetlenmesi şefkatle olursa empati yapabilen, başkalarını anlayabilen bir ruh aktarılır. Fakat diyelim ki bir şeyler yolunda gitmedi ve olmadıysa da şunu unutmamak gerekir. Hayat boyu güven duygusu beslenir ve bağlanma gerçekleşebilir. Çocuğun ihtiyaçlarını duymak, ağladığında sarılmak, gözünün yaşını silmek, düştüğünde elini uzatmak, koşmaya çalıştığında teşvik etmek çocuğu duymaktır. Ve ebeveynler tarafından karşılanan ruh doygunluğunun sağlığı hayat boyu duygusal düzenlemenin temelini oluşturur.

Çocuklara Empati Duyma ve Şefkat Gösterme Kapasitelerini Fark Ettirmek

Günlük hayattaki fırsatları kullanalım. Eğer çocuğumuz bir başka çocuğa zarar verecek bir şey yaparsa onu hemen azarlamak yerine diğer çocuğun nasıl hissettiğini anlamasına yardım edelim. Daha da önemlisi zarar gören çocuğun kendini daha iyi hissetmesi için neler yapabileceğini düşünmesini sağlayalım. Çocuklar bizim beklediğimizden daha iyi çözümler üretebilirler.

Başkalarına Yardım Edebilecekleri Fırsatlar Oluşturmak

Çocuklar yardım etmeyi severler. Evde, okulda, mahallede yardım edebilecekleri fırsatları kaçırmayalım. Sonrasında neler hissettiğiniz ve hissettikleri hakkında konuşalım, olumlu duygularını takdir edelim. Burada ise dikkat edilmesi gereken nokta takdirin dozudur. Doz aşımı olur da duygu abartılırsa o zaman kişiyi lütufkâr bir hale dönüştürebilir. Davranışı takdir etmek, aslında bunun vazifemiz olduğunun çocuğa anlatılması ve ancak insan gönülden ikramda bulunursa iyi olacağı izah edilmelidir.

Desteği Artırmak, Eleştiriyi Azaltmak

Her çocuk için anne babasının onayı ve takdiri oldukça önemlidir. Hatalar karşısındaki tutumumuz ona kelimelerle söylediğimizden daha fazlasını öğretecektir.

Nazik davranan ve diğerlerini önemseyen bir birey olması için çocuğa destek olalım. Tüm bunların yanı sıra ve aslında bizce en önemlisi model olalım.

Şefkatin Ölçüsü Olur mu?

Her duygu ve davranışı dengeli yaşamak gerekir. Şefkat yanlış anlaşılır ve ölçüsüz gösterilirse şifa iken zehir olur.

Hakikatten ve Hakk'tan Öte Düşünmemek

Başımıza gelen her olayın kader motifinde bir anlamı vardır. Ve bu anlama itikadın acı verici hallere dayanıklılığı artırdığı gerçeği de önemlidir. Merhamet içinde adaleti de barındıran bir kavramdır.

Bir kişi olumsuz bir olay yaşadığında hikmetin neticesine teslim olmak ve bedelini ödemesine izin vermek gerekir. Adalet terazisine ters düşmeyecek, hakikat ve hikmetten uzaklaşmayacak kararlar almak gerekir. Adil karar vermek zalim görünene de mazlum görünene de merhamet etmektir. Olumsuz bir davranış gerçekleştirdiğinde onun bedelini ödemesi merhamettir. Bedelden sonra pişmanlığının devam etmesi durumunda merhamet merhem olur.

Çocuğun Dünyasını Ahiretine Tercih Etmek

Çocukların dünyalarını imar ederken ahiretlerini ihmal etmek, şefkatin suistimal edilmesi anlamına gelir. Çok yüksek mevkilere gelsin, dünya makamı yükselsin diyerek fedakârlıkta bulunması ve ahiretini görmezden gelmesi merhamet duygusunun suistimali ile ilgilidir.

Çocuğunun İbadetlerini Şefkat Duygusuna Sığınarak Engellemek

Kıyamadığı için çocuğunu sabah namazına uyandırmayan anne daha büyük bir "kıyım" içine girer. Yeter ki çalışsın, dünyasını kazansın diye çaba sarf ederken ihmal edilen ilmin sıkıntısı iki dünyada da ruhu alabora eder. "Acıkır, o dayanamaz," diye tutturulmayan oruçlar, "Daha gençsin, sonra başlarsın," diye ertelenen namazlar, "İstediğin zaman tesettürüne dikkat et, küçüksün sen," diye verilen öğütler bir bir gelir ebeveyn karnesi gibi önümüze. İyisi mi Hakk'ın hatrını gözeterek ölçülü şefkat gösterelim. Zira bu karnenin acısı ölene dek bırakmaz yakamızı.

Sevdiklerini Her Şeyden Çok Sevmek (Hak da Dâhil), Emanet Olduklarını Unutmak

Sevdiklerimizi bize ait zannedip kalbimize herkesten çok yerleştirdiğimizde sevgileri şifa değil zehir oluyor. Hayatları, tercihleri, seçimleri ve yaşadıkları, duyguların haddini aşmasından kaynaklanarak daha çok sıkıntı oluyor. Yani üzülmesinler, incinmesinler diye fazla şefkat ve sevgiden(!) kaynaklandığını düşündüğümüz her hal, kontrol edemediğimiz her anla ilgili kaygımızı artırır.

Şefkatin İfrat Hali Aşırı Acımak; Tefrit Hali Merhametsizlik

Acımak, şefkatin aksine pasif bir harekettir. Üstten alta, içinde biraz kibir barındıran ruh halidir. Geçici olarak kişiye kendini iyi hissettirse de kalıcı olarak zarar verir. Şefkatsizlik de kader motifinin, kişinin tercihleri üzerindeki etkisini görmezden gelmektir. Yargılamak, suçlamak, aşağılamak ve tuhaf bir bencillikle tercihlerine anlam verememek, başkalarına karşı kişiyi kör eder. Bu da en çok insanın kendisine zarar verir. Bu körlüğün de merhemi merhamettir.

Değer İksiri (Görünmez Çocuklar)

Hayatta birçok şeyi tecrübe edinerek öğreniriz. Karşılaştığımız olaylar, tanıştığımız insanlar, okuduğumuz tabelalar, gördüklerimiz, duyduklarımız hiçbir zaman karşımıza boşuna çıkmaz. Duyduğumuz hiçbir sözcüğü boşuna duymayız. Hem var olmalarında hem de bizim hikâyemizin bir parçaları olmalarında bi mana vardır. İnsanın tekâmülü için hepsinin bir anlamı vardır ve bu çerçeveden baktığınızda hakikat, pırıltılarıyla her yerde ışıldar.

İnsan değerli olan, kendi değerini bulan ve değerleriyle yaşayan bir varlık. Bu nazarla baktığınızda yaşadığınız olumsuz olayların bile pek çok anlamı vardır.

Kimse kimsenin kurtarıcısı ya da kimse kimsenin celladı değil. Hiçbir olumsuz olay başımıza bizi mahvetmek için gelmez. Lakin yaşadıklarımızdan öğrendiklerimizi biriktiririz. Değer hissi tıpkı güven gibi en yakınlarımızdan başlayarak herkesin davranışlarıyla oluşan önemli bir ihtiyaçtır. Hayatı boyunca karşılanmayan bu ihtiyaçların peşinde koşturur insan. Görünmek için, ben buradayım demek için, anne babasının takdirlerini alabilmek için ya da gözlerindeki onayı görmek için çırpınır durur. 5 yaşındayken sıklıkla kurduğu "Anne bana bak!" cümlesini hayatı boyunca birçok insana kurar.

Çocuğa ihtiyaçlarının çok mühim olduğu hissettirilerek, sevgi ve saygı dolu bir halle değer gördüğü anlatılmalıdır. Değer duygusunu hissetmesini istiyorsanız sık eleştiriden, aşağılayıcı davranışlardan uzak durmanız gerekir. Değersizlik duygusu içerisine giren kimse, çevresindeki herkesi aşağılar, bir kibir kabuğuna saklanır ve değersiz görülmekten kendisini koruduğunu düşünerek çevresindekilere ters davranır. Nedensiz mutsuzluk, huzursuzluk, anlamlandıramama, boşluk duygusuyla karşı karşıya kalır. İlişkilerinde kendisiyle diğerleri arasına duvarlar örer. Bu da hayatı boyunca karşısına çıkacak kısır döngünün başlangıcı olur.

Kendilerini Daha Değerli Hissetmeleri İçin Çocuklarımıza Nasıl Yardımcı Olabiliriz?

Kendinizle Barışın

Önce ebeveyn olarak kendinizle barışın. Kendinize verdiğiniz değer duygusunu artırın. Olduğunuz haliyle kendinizi sevin. Eksiklikleriniz, fazlalıklarınız, eğitiminiz, ekonomik düzeyiniz, gücünüz, güçsüzlüğünüz, kuvvetli olduğunuz taraflar ve zaaflarınızla olduğunuz haliniz sizi siz yapıyor. Bu nedenle sesli ya da sessiz kendinize fısıldadığınız telkinleri olumlu hale getirin.

- **Geçmişinizle Barışın**

  Yaşadıklarınızla, yaşayamadıklarınızla, ebeveynlerinizle barışmakla, onları kabul etmekle ve sonra affetmekle yola çıkın. Heybenizde yeni anılar biriktirmek ve değerlenmek, sürekli geçmişe bakmamakla mümkün.

- **Değersiz Olduğunuzu Hissettiren İnsanlara Bakış Açınızı Değiştirin**

  İnsanlardan hızla uzaklaşın demeyeceğim. Çünkü her zaman karşınıza çıkabilirler. Bunun yerine onların davranışlarınızı üzerinize alıp anlamlandırmayın. Kendilerine ait tavırlar olduğunu ve böyle davranmakta kendilerince sebepleri olduğunu bilin. Ve üzerinize alınmayın.

- **Başkalarına Değer Verin**

  Diğerleri için açtığınız yol en çok sizin yürüyüp gitmenize sebep olur. Ve aslında başkasına niyetle samimiyeti kaybetmeden yaptığınız her iyilik günün sonunda sizi bulur. Değer duygusu etkileşimle ve diğerlerine aktarılarak çoğalan, yinelenen bir duygudur.

- **Çocuğun Düşüncelerine, Duygularına Saygı Gösterin**

  Kendinizle ilgili olan konularda bile çocuğa fikrini sormak, onun kendisini değerli hissetmesini sağlayacaktır.

- **Çocuğun Yeteneklerini Olduğu Gibi Kabul Edin**

Başarılarını kabul ve takdir edip yeteneklerini destekleyecek yönlendirmelerde bulunun ve onaylayıcı sözler söyleyin.

- **Çocuğun Yapmasına İzin Verin**

Yapmakta zorlandığını görseniz bile o işi üzerinize almayın. Denemesine izin verin, yanılsa da hata yapsa da kendisinin başarması için ona fırsat ve destek verin.

- **Baş Başa Zaman Geçirin**

Herkes kendisine özel ayrılan bir zamanda kendisini değerli hisseder. Siz de çocuğunuzla baş başa olacağınız ve birbirinize dikkat kesileceğiniz zamanlar oluşturun.

- **Yardımını İsteyin**

Çocuğun sizden rahatlıkla yardım isteyebilmesi için siz de arada çocuğunuzdan destek olabileceği bir konuda yardım isteyin. Yardım istediğiniz konu her neyse vakti eğlenceli kılmak için bir yol bulabilirsiniz.

2. BÖLÜM

İLİŞKİLERİN KALBİNE GİDEN YOL

Dilin Tesiri

Zihnimizde Kalanlar

Birer yetişkin olarak çocukluğunuzu hayal ettiğinizde hangi cümleler çınlıyor kulaklarınızda? En çok kiminle iletişime geçiyordunuz evde? Kim muhatap alıyordu sizi? Muhatap alındığınızda ne hissediyordunuz? En çok duyduğunuz kelime, en çok üzüldüğünüz cümle neydi? En çok kimin sözcükleri kaygılandırırdı sizi? Kemiksiz dilimizden kolayca dökülen kelime deyip geçtiğimiz harfler karşımızdaki kişinin ruhunda nasıl tesir eder? Bunu anlamanın ve bulmanın yolu kendi ruhumuza aralanan yollarda cevap olarak çıkar karşımıza.

"Kapıyı kapat, kapısız köyden mi çıktın?"

"Senden bir halt olmaz."

"Dik otur yoksa kambur kalacaksın."

"Dediğimi yapmazsan sütümü helal etmem."

"Büyüdün diye bir şeyine karışamayacak mıyım? Kaç yaşına gelirsen gel benim çocuğumsun, karışırım."

"Sen ne zaman adam olacaksın da ben de göreceğim."

"Önüne bakmazsan düşersin."

"Yeni sildim oraları basmadan yürü."

"Saçımı süpürge ettim sizin için, bu mu karşılığı?"

Bu tür inciten cümleler mi ağırlıktaydı yoksa her şey daha farklı mıydı?:

"Sana inanıyorum."

"Sana güveniyorum."

"Seni seviyorum."

"Üzülme canım oğlum, senden önemli değil."

"Düştün, kıyamam sana canın acıdı mı?"

"Sırtına yelek giy üşüteceksin!"

Şu an okurken bile farklı duygular hissettiğiniz için aradaki farkı anlayabiliyorsunuz değil mi? Peki biz kullandığımız dile, nasıl hissettirdiğimize bakalım. "Sana hakkımı helal etmem," demenin omzunuzda hangi duyguyu yük olarak bıraktığını düşünün. Bu kaygının istemediğiniz kaç işi size yaptırdığını ve neler hissettirdiğini hatırlayın. Cevaplar herkesin şeffaf bir şekilde vicdanında saklı.

Arkadaşımıza ya da komşumuza söyleyemeyeceğimiz cümleleri pervasızca en sevdiklerimize kurmak vebal değil mi? Kendinizi kaç kere ebeveyninizden duyduğunuz ve sizi en çok kızdıran ve kıran cümleleri tekrarlarken buldunuz? Duyduğumuz cümleleri kurmak bilinçaltında taşıdığımız kaydı dışarı çıkarmak gibidir, ezberedir. Oysaki bu kısır döngüyü değiştirmek için ezber bozmak gerekir.

İnsan sohbetle, güzel kelamla iyileşen bir varlık. Sanal hapishanelerimizde hayatlarımızı sürdürürken sohbetten uzaklaşıp yakınları uzak, uzakları yakın etmiyor muyuz? Hep yanımızda olacaklarmış gibi bencilce bir yaklaşımla sevdiklerimizle geçiremediğimiz zamana kıymıyor muyuz? Ekrana büyülenmiş gibi dikkat kesilerek, çocuklarla ve birbirimizle hiç konuşmayarak nasıl bir tahribat oluşturduğumuzun farkında mıyız? Çoğu zaman küçücük cihaz tek muhatabımız oluyor.

Konuşmak dediğimiz eylem sadece iletişimin bir parçası. Çünkü iletişim dediğimiz hadise konuşmanın da ötesindedir.

Konuşmaktan anladığımıza gelince; ne söylediğimiz kısmını "sözlü iletişim", nasıl söylediğimizi ise "sözsüz iletişim" olarak değerlendiririz. Ve sözlü ve sözsüz iletişimle muhatabımızı anlamak mümkün olur.

Şimdi zihninizde derin bir yolculuk yapın. En son kimi gerçekten anladığınızı veya kimin sizi doğru anladığını hissettiğinizi hatırlıyor musunuz? Yahut ailenin içinde en son ne zaman çocuklarınızla bölmeden, kesmeden zamanın nasıl geçtiğini anlamayarak sohbet edebilmenin mutluluğunu yaşadınız?

Konuşmaktan anladığımız şeyi de biraz sorgulayalım. Konuşmak dediğimiz hadise anlamak ve anlaşılmak ihtiyacını karşılayabilmesi için monolog şeklinde olmamalı, sohbet diye adlandırdığımız etkinlik diyalog tadında olmalıdır. Harvard ve MIT yükseköğrenim öğrencisi ve makalenin başyazarı Rachel Romeo'nun dediğine göre "Önemli olan çocuğunuza konuşmak değil, çocuğunuzla konuşmak. Konu çocuğunuzun üstüne cümleleri yığmak değil, onlarla sohbet etmek."

Birçoğumuz çocuklarla konuşmanın onların gelişimine faydalı olduğunu biliriz. Fakat yeni yapılan bir çalışma beyin gelişimi için asıl önemli olanın onlarla konuşma şeklimiz olduğunu ortaya çıkardı. Onları karmaşık kelime yağmuruna tutmak, didaktik şekillerde kartlar göstererek kelime hazinelerini artırmaya çalışmak değil kastettiğimiz. Çocukların etkileşim halinde oldukları sınırsız kaynak olmasına ve milyonlarca kelime yağmuruna tutulmalarına rağmen çok az kelime ile konuşabildikleri, başkasının duygularını anlayamadıklarını görüyoruz. Sanal alemde monolog halde olan çocuk hayata dair pratikleri yuvasında da yaşayamazsa gelecekte anlayamayan, etkileşim kuramayan ve iletişim sıkıntısı yaşayan "yalnız" bireylere dönüşür.

Gelişim için çok önemli iki noktayı gözden kaçırmamalıyız; insan ilişkileri ve sosyal etkileşim. Sohbet etmek sadece dinlemek ve konuşmaktan daha karmaşık bilişsel beceriler ister. MIT araştırmacılarına göre sohbet, çocukların diğerinin ne söylediğini almaya çalışmasını, ona uygun şekilde cevap vermeyi pratik etmesini sağlar. Bu sadece dinlemekten çok farklıdır.

Dolayısıyla, eski deyişle güzelce sohbet etmek birçok beceri kazandırır insana. Ruhsal olarak da kişiyi şifalandırır. Herkesin bir başına olduğu bir ev için "yuva" kelimesini "aile" kelimesini kullanmak pek mümkün değildir. Herkesin tek başına kaldığı evde herkes kendisi için yaşamaya başlar. Sözde birbirleri için çalıştıkları, bunun aslında fedakârlıkları olduğu birbirlerine ifade edilse de, özünde herkes kendisi için çabalamaktadır. Birbirinin derdine, hüznüne, sevincine, mutluluğuna uzak ve yabancı olması neden bir arada olduklarını sorgulamaları gereken bir durumdur. Anlam ancak bağ kurarsak açığa çıkar; birlikte olmak her şeyimizle birlikte olmaktır: Acılarımızla, derdimizle, neşemizle... Bunun paylaşılacağı yer sosyal medya değildir; sofralarımız ve gönül sohbetlerimizdir. Olduğumuz haliyle kabul gördüğümüz için aile diğer tüm sığınaklarımızdan farklıdır. Sadece biz olduğumuz için kabul gördüğümüz alanda bize dair her şeyin paylaşılması anlamlı bir birlikteliğin başlangıcı olur.

O halde ne dersiniz elimizdeki bizi birbirimizden uzaklaştıran teknolojik aletleri usulca bırakıp diz dize, göz göze bir defa yaşayacağımız her anı sohbetle geçirmeye?

Bir de ifade şeklimizi oluşturan "üslub-u beyan, ayniyle insan" hususuna değinmeliyiz. Dilimize de çeki düzen vermeliyiz ki dilimiz (kalbimiz) inşiraha ersin. Sahi sözü yerle yeksan etmeden kalpleri nasıl diriltmeli? Kalbin dirilmediği, karşımızdakine köprü kurmak yerine duvarlar ördüğümüz konuşma biçimleri de var değil mi? Sanırım tüm mesele bilinçli ya da bilinçsizce hangisini tercih ettiğimizde gizli.

Konuşmak İyileştirir mi?

"Konuşmak iyileştirir. Yüz yüze konuşma, kendimize ve başkalarına daha çok saygı duymamızı, başkalarıyla daha güzel bir biçimde ilgilenmemizi mümkün kılar. Konuşmak, birbirimizi işitmek ve birbirimizle ilişki kurmak için elimizdeki en büyük imkân."

Kemal Sayar

Tüm kapıları ardına kadar açan önemli bir iletişim aracıdır konuşmak. İyi hissetmelerini ya da kötü hissetmelerini; incinmelerini ya da onarılmalarını; korkmalarını ya da güven duymalarını; rahatsız edilmelerini ya da teselli edilmelerini sağlar. Önce lisan ile konuştuğumuzda kalplerimizin nasıl dirildiğini, sözlerimizin nasıl tesir ettiğini görelim.

Henüz ruhsal donanımı yapılanan çocuğun sürecinin tamamlanması için konuşmanın hali çok kıymetlidir. Doğru mesajların çocukta doğru hisler uyandırması, sözlerin doğru tesir etmesi için sözcüklerin doğru kullanılması gerekir.

Çocuklar bizi anlamaya dünyaya gelmeden başlarlar; anne karnındayken duygularımıza ve sözlerimize tepkiler verirler. Dünyaya geldikleri an etkileşim hiç kopmadan devam eder. Bağ kurmak için hediye edilen konuşma yeteneği ebeveyn ve çocuk arasındaki güveni de tesis eder. Bebeklik dönemindeyken gözlerinin içine bakılarak uzun uzun güzel cümlelerle konuşulan çocukların ruh hali de farklıdır. Büyüdükçe de durum değişmez. Yaşı küçük olduğu için anlamıyor diye düşünülerek yanında kullanılan her negatif cümleyi de pozitifleri aldığı gibi alır çocuk. Sürekli kayıt halindedir.

Çocuklar susadıklarında "Su içme!" demeyiz. Yorgun olduklarında "Dinlenme!" demeyiz. Ama nedense ilgi beklentileri olduğunda "Dikkat çekmeye çalışıyor!" der ve bu önemli ihtiyaçlarını görmezden geliriz.

Çocuklar bazen duygusal huzursuzlanmaları, huysuz davranışlar olarak yansıtırlar. Ve aslında bu anlar bağlantıya geçmek için birer fırsattır. Ne zaman beraberliğe, iletişime kapanıyorsa çocuk, o zaman orada bir incinmişliğin, üzülmüşlüğün ve duygusal kopukluğun işareti vardır. Gereğinden fazla konuşmak ya da hiç konuşmamak ilişkiyi de zedeler ve bazı patolojik problemlere gebedir. Bağlantı kurmak için sözün gücünden yararlanmak, davranış olarak baskı unsurlarını kullanmaktan daha sağlıklı ve tesirlidir. Gözlemlediklerimizi onun duygularını inkâr etmeden paylaşıp alternatif bir fikir sunabiliriz. Mesela "Bacakların kıpır kıpır, sanırım benimle oyun oynamak istiyor. Çılgınlar gibi koşturmaya ne dersin?"

Mümkünse ertelemeden o an gerçekleştirmeliyiz. Şayet uygun değilsek, meşguliyetimiz varsa da bunu açıkça belirtmeliyiz. "Galiba sıkılıyorsun, yalnız başına oynamak istemiyorsun. Seni çok iyi anlıyorum. İstersen en iyi arkadaşın (sevdiği oyuncak söylenip) ile oynayabilirsin. Bu işimi halledeyim, sonra ben de size katılacağım," şeklinde karşılık verilebilir.

Sözcükleri doğru kullanırken duyguları inkar etmemek gerekir. Bir keresinde ergenlik dönemindeki bir öğrencimle aramızda şöyle bir konuşma geçmişti:

> "Öyle bir noktadayız ki en son babamla ne zaman konuştuk hatırlamıyorum. Birbirimize en son kızmadan nasıl sesleniyorduk unuttum. Evde yok gibi, hiç gelmeyecekmiş gibi, gerçi gelmese daha iyi."
>
> "Peki ya annen?"
>
> "Annem bıkmış, yorulmuş. Konuşmaya dermanı yok, sürekli sadece komutlar veriyor. Hep aynı sorular: 'Okul nasıl, sınavın nasıl geçti, dersini yap, ödevin bitti mi?' Bıktım, yalan söylüyorum çünkü doğruyu söylediğimde olay oluyor. Ben istemez miyim oturayım, derdimi anlatayım ama yok olmuyor, anlamıyorlar beni."

Sen dili çocuğun benliğine açık saldırıdır. Çocuğa "Ne kadar tembelsin!" dediğinizde çocuğu genel olarak değerlendirmiş ve etiketlemiş olursunuz.

Duygularını paylaşamayan her insanın yaşamayı seçtiği benzer durum bu. Anne baba öfkesiyle karşılaşan her çocuk anne babadan saklamaya ve saklanmaya başlıyor. Böylece anne baba yardım etme, yol gösterme fırsatını kaçırıyor. Neden çocuklar canlarını sıkan, kendilerini üzen, strese sokan konuları ebeveynleriyle konuşmaktan vazgeçerler?

Küçük yaştan itibaren çocuklara, özellikle kriz anlarında dikkatini dağıtmak için söylenen sözler duygularını bastırmaya, inkâra, bazen onu görmezden gelmelerine sebep olur. Ve çoğunlukla kriz artarak devam eder. Krizin bitmesi durumunda bile bir müddet sonra tetikleyici bir araçla kriz tekrar ortaya çıkar. Üzüldüğü şeyi tekrar etmek, duygularını onaylamak "Seni anlıyorum, üzgün hissediyorsun," demek bile bazen sorunun çözümü için atılan mühim bir adımdır.

Yüksek sesle kullandığımız her harf, her kelime görmezden gelinen duygularımızın haykırışıdır. Görmek için önce dikkat kesilmek, anladığımızı ifade etmeden önce gerçekten anlamak, sakinleştiğinde aynalayıcı bir şekilde konuşmak gerekir.

Nasıl Söylemeli?

Sen Dili

İletişim, kişilerin birbirlerine (bilinçli ya da bilinçsiz olarak) duygu ve düşünceleri aktardıkları süreçtir. Sözlü ifadelerle gerçekleştirdiğimiz iletişim sürecinde 3 tür konuşma şekli vardır: Ben dili, sen dili, eylem dili. Genelde ebeveynler olarak kendi ilişkilerimizde ve çocuklarımızla iletişimlerimizde "sen dili"ni tercih ederiz. Çünkü en kolayı, en çok gördüğümüz, en çok öğrendiğimiz en alışılmışı budur. Fakat tesiri genel olarak imar etmekten ziyade tarumar etmek üzerine kuruludur. Tercih edilmemesi gereken bir dil olmasına rağmen farkında olmadan sık sık bu dili seçeriz. Suçlayıcı, alaycı, ötekileştirici, karşımızdaki kişiyi savunmacı bir tutum içine koyacak kadar ayrıştırıcı ifadeleri içerir. Kişiliğe yöneliktir. Çocuğun benlik saygısını zedeler. Öfke ve nefret duygusu oluşturur.

"Hatalısın, bana inat hep aynı davranışı yapıyorsun."

"Senden daha iyisini beklemezdim."

"Sen o notları hak ediyorsun."

"Sözümü dinlemiyorsun ondan başın kurtulmuyor sıkıntıdan."

"Sofraya neden gelmedin. Açlık görmemişsiniz siz."

"Kabahat sizin için saçını süpürge eden bende!"

"Odanı hiç toplamıyorsun, ne kadar dağınıksın. Bıktım pasaklı hallerinden."

"Hatalısın beni çok üzüyorsun."

Takdir edersiniz ki okurken bize bile kendimizi kötü hissettiren, bir an evvel bitsin diye yazılmış cümleler gibi. Elbette bunları tekrar etmemiz nakarat gibi yıllarca aynı cümleleri dinlemiş olmamızla da ilgili. Yahut öfkemizi kontrol edemediğimiz patlama zamanlarıyla ilgili. Ama çoğunlukla fark etmediğimiz alışkanlıklar ya da patlamalar hazin neticeler bırakır ve miras gibi aktardığımız cümleler yıllarca kullanımda kalır. Kendimizi bu cümleleri kurduktan sonra rahatlamış hissetmemizin, vicdan tefessüh etmediyse ihtimali yok. Hem bizi hem çocuğumuzu huzursuz hissettiren, amacımıza da ulaştırmayan, tesiri olumlu olmayan bu dili kullanmaya ne hacet var?

Bu dili çoğunlukla rahatsız olduğumuz davranışları ifade ederken kullanıyoruz. Çocuğun davranışlarından rahatsızsak genel olarak dört şekilde davranırız:

1. Çocuğu değiştirmeyi denemek
2. Çevreyi değiştirmeyi denemek
3. Kendini değiştirmeyi denemek
4. Yüzleşmek

2., 3. ve 4.'yü ne yazık ki kullanmayı çoğunlukla bilmiyoruz. Tek yaptığımız sen dili ile eleştirerek çocuğu değiştirmeye çalışmak oluyor. Bu durum çocuğu, davranışı hakkında düşündürmek yerine, savunmaya geçirir. Öfke duygusunu doğurur. "Yapma" ya da "Yap" demek yapacağı veya terk edeceği şeyi öğretmez. Ne beklediğimizi, neden beklediğimizi "eylem dili" ile söylemek yönlendirici, açıklayıcı ve çözümleyici bir yaklaşımdır.

Sen dili çocuğun benliğine açık saldırıdır. Çocuğa "Ne kadar tembelsin!" dediğinizde çocuğu genel olarak değerlendirmiş ve etiketlemiş olursunuz. Ve bu da benlik saygısını zedeler. Ve ne söylemek istediğinizi de tam anlayamaz. "Ben ne tembellik ettim şimdi?" der. Üstelik burada eleştirilen çocukta kendine güven ve saygı duygusu da zedelenir. Kendisi ile ilgili değerlendirmeyi, anne babasının onunla ilgili değerlendirmelerine bakarak yapar. Birçok insan evlendikten sonra aslında annesinin dediği gibi biri olmadığını anlar.

Ya da başka bir örnek verelim. "Bıktım şu dağınıklığından, topla şunları hemen," dediğinizde çocuk suçluluk duygusu hissedebilir ve bunu anlamlandıramayabilir "Buranın nesi dağınık? Her yer toplu!" diyebilir. Size çok dağınık gelen her eşyanın odasında onun için bir anlamı vardır. Onu yargıladığınızda bunu anlamayacaktır. Dağınıklığı tanımlamak gerekir. "Yerdeki kağıtlar, bozulan örtü" şekilde dağınıklıktan ne kastedildiği netleştirilmelidir.

Anne babanın çocuğa karşı sürekli kullandığı sen dili çocuğun hayata karşı gardını almasına, hep siperde ve güvensiz hissetmesine sebep olur. Ayrıca eleştirilere maruz kalması sebebiyle yetersizlik, suçluluk hissini de derinden hisseder. Bu konularla ilgili fazlaca bilimsel çalışma var. Beni en çok etkileyen pire deneyidir.

Pire kendi boyutlarına göre en yükseğe sıçrayan hayvandır. Küçücük bacak kasları ile 75 cm yükseğe sıçrayabilir. Laboratuvarda bir pireyi 20 cm'lik bir tüpe koyup tıpasını da kaparlar. Hayvan zıplayıp başını tıpaya çarptıkça daha yükseğe sıçrayabilecekken sıçramamayı öğrenir. Sonra tıpa alınır ve tüpün ağzı açık olduğu halde pire 20 cm'den daha yukarıya sıçramaz. Sürekli onay bekleyen bir halin kurduğu "Sence olmuş mu?", "Yapabilir miyim?", "Ben başarabilir miyim ki?" gibi cümleler ne kadar tanıdık değil mi? İstersek Garcia Etkisi (öğrenilmiş çaresizlik) istersek yetersizlik şemaları tetiklendi diyelim, ne fark eder. Bir çocuğun bilişsel, zihinsel ve ruhsal dünyasını sözlerle tarumar eden bir çift gölge çıkar karşımıza her defasında.

Ben Dili

Ben dili kişiliğe değil, davranışın üzerinde oluşturduğu duyguya yöneliktir. Davranışın oluşturduğu duygu üzerinde durur, yargılamaz ve daha yataydır. Esnek düşündürür.

Geç kalan birine "Sorumsuzsun!" demek yerine, "Geç kaldığın zaman, endişeleniyorum (meraklanıyorum; ciddiye alınmadığımı hissediyorum)" demek, duygularımızı ben dili ile ifade etmektir. Bazı basamaklara dikkat etmek gerekir. Dikkat edilmediğinde sadece kendi duygularımızı tekrar ederken bulabiliriz kendimizi. Bu da aslında gene davranışa odaklanmayı engeller.

Ben dilini tamamıyla her problemde ve her yaş grubunda kullanmayı önermesem de empati dilini geliştirmede yardımcı olduğu için kullanabileceğimiz yerler de olabilir. Sadece şu

Ben dili kullandığımızda, kabul edilmeyen davranışı tanımladığımız için muhatabımız neyin sorun yarattığını öğrenir.

basamaklara dikkat etmek gerekir. Ben dili kullanırken sadece "Sen ödevini yapmadığın için ben kendimi kötü hissediyorum," ya da " Sen kardeşinle kavga ettiğinde ben çok öfkeleniyorum," dememek gerekir. Şayet çocukla ebeveyn arasında bağ sağlıklı kurulmadıysa "Sana iyi üzülmeler, iyi öfkelenmeler," gibi bir tavra ve duyguya sokacaktır çocuğu. Ki bunun karşılığı da kocaman bir hayal kırıklığı olur.

O nedenle etkili bir ben dili mesajının şu üç öğeyi içermesi gerekir:

1. Kabul edilmeyen davranışın yargılanmadan ve suçlanmadan tanımlanması:

   "Sürekli koltukların tepesinde zıpladığın zaman…"

   "Sözümü kestiğin zaman…"

   "Yüksek sesle bağırdığın zaman…"

2. Kabul edilmeyen davranışın kişinin üzerindeki somut ve gerçek etkisinin söylenmesi:

   "…başım ağrıyor."

   "…anlattığım şey yarım kalıyor."

   "…söylediğini anlayamıyorum."

3. Kabul edilmeyen davranışın kişide yarattığı duyguların ifade edilmesi:

   "Öfkeleniyorum."

"Sinirleniyorum."

"Yoruluyorum."

Mesela "Kardeşinle birbirinize vurduğunuzda size nasıl yardımcı olacağımı bilemiyorum ve aranızda kalıyorum. Bu sefer kendimi çaresiz hissediyorum. Lütfen sorunlarınızı çözebilmek için durun, ara verin. Ve birbirinizi dinleyin. Dilerseniz size yardımcı olabilirim."

Çok alışık olmadığımız, çoğunlukla zorlandığımız bir kalıp bu. Lakin sorunlarımızın çözümünde önce kendimize sonra çocuğumuza yardımcı olacaktır.

Ben dili kullandığımızda, kabul edilmeyen davranışı tanımladığımız için muhatabımız neyin sorun yarattığını öğrenir. Karşımızdakini suçlamaya değil, kendi duygularımızı ifade etmeye dönük olduğu için muhatabı savunmaya itmez. Onun kişiliğini ve benlik saygısını zedelemez. Davranışın bizim üzerimizdeki etkisinden bahsetmemiz, muhatabımızın başkalarını düşünmesini sağlar, onu bencillikten uzaklaştırır. Ben dili ile kurulan iletişim genellikle aynı şekilde karşılık vermeyi de öğretir. Ben dili mesajları alarak büyüyen çocukların sorumluluk duygusu gelişir, düşünme yeteneği artar, sebep-sonuç ilişkilerini daha iyi kurarlar.

Ben dilini çoğunlukla yetişkin muhabbetlerinde tercih etmeliyiz. Çocuklarla bu dili sıklıkla kullanmak çocuğu edilgen hale getirebilir, hep ve sadece karşısındaki kişinin duygularını duymak durumunda kaldığından kendi duygularından haberdar olamaz. Ve istenildiği gibi davranmak durumunda kalır. Yani başkalarının gözlemcisi olurken kendi duygularına yabancılaşır. Beklendiği gibi olmaya çalışır.

Ben diline alternatif olarak kullanabileceğimiz özellikle okul öncesi ve ilköğretim yaş grubundaki çocuklarda en doğru dil; duygulardan ziyade davranışlar üzerinde düşündürmeyi sağlayan eylem dilidir.

Eylem Dili

"Çocuklar donmamış beton gibidir,
üzerlerine ne düşse iz bırakır."

Haim Jinott

Sözlerimiz, hallerimiz, mimiklerimiz çocuğun kalbine düşen birer işarettir. Hayata dair sorularına ve öngörülerine cevap niteliğindedir. Hepsi birer kayıt cihazında zamanını bekler açığa çıkmak için. O nedenle ebeveynden çıkacak her söz fazlaca anlam teşkil eder.

Çocuğun duygularına yapıcı tepki vermenin yollarından biri doğru sözcüklerle duygularını açmasına izin vermektir. Davranışa geçmeden duygusal olarak açılması oldukça önemlidir. Mesela; "Anlıyorum.", "Hımmm, ilginç.", "Duymak istiyorum.", "Senin görüşün benim için çok kıymetli.", "Anlatacaklarını dinlemek istiyorum.", "Bu konuda bir şeyler söyleyecek gibisin.", "Bu konuda ne hissediyorsun?" Değerli olduğu, sayıldığı, dinlendiği, önemsendiği, kendisiyle ilgilenildiği hakikati çocuğun duygularının rahatça ifade edilmesini sağlar ve duygularını rahatça anlatan çocuk karşısında ebeveynin de hissettiklerini ifade edebilir. Bu da aslında davranışlar üzerinde daha rahat bir atmosferde konuşmaya yol açar.

Sağlıklı iletişimde en önemli unsur, çocuğun kendi yapılanmasına destek olmaktır. Tercih edeceği davranışı kendi isteğiyle yanlış veya doğru olduğu için tercih etmesi noktasında yönlendirilmelidir.

Eylem dilinde vurgu davranışa yöneliktir. "Bu davranış doğru bir davranış değil," dediğimizde çocuk bunun neden yanlış olduğunu sorgulayacaktır. "Bardağı öyle tutarsan elinden düşürebilirsin, kırılabilir ve canın yanar. Bu yüzden böyle tutmamalısın." Çocuğu sebepler hakkında bilgilendirdikten sonra yönlendirdiğimizde çocuk bir yol ayrımına gelir.

Ve iç motivasyonuyla onun yanlış olduğuna inandığı için doğrusunu tercih eden çocuk uzun vadede sağlıklı davranış değişikliğine girer.

Burada dikkat edilmesi gereken önemli bir husus çocuğun yaş gelişimine dikkat ederek sebepler kısmında gerektiği kadar bilgi vermektir. 3-5 yaş grubuna uzun cümleler, anlayamayacağı dilde fazla izaha gerek yoktur. Tek bir sebebi söylemek yeterli olacaktır. O sordukça ve sorduğu kadarı yaşına göre vermek gerekir.

Çocuklar yaşayarak, deneyerek ve yanılarak" öğrenirler. Sorumluluk duygusuna da katkıda bulunulan en etkili yöntem aslında tercih ettiği davranışların sonuçlarını yaşamasıdır. Tercihleri yaşadığı sonuçlar ve hissettiği duygulara göre şekillenecektir. Bu süreçte olması gereken ebeveyn müdahalesi sadece, tercih ettiği andaki sonucun gösterip neden böyle olduğunun sebeplerini söylemek ve olabileceklerden haberdar etmektir.

Söyleyeceğiniz sebeplere rağmen kendince doğru olduğunu düşündüğü davranışlarının sonuçlarıyla yüzleşmesine de izin vermek gerekir. Yemek yemezse aç kalması, sorumluluklarını yerine getirmezse sonuçlarına katlanması gerekir. Yönlendirici ifadelerin eyleme yönelik olması, çocuğun kişiliğinden uzak olması, aşağılamaması gerekir. Davranışla ilgili yanlış ve doğru olduğu hakkında fikir sahibi olması ve ona göre karar vermesi çocuğun en doğal hakkıdır.

Çocuklarla İlişkinizi Güçlendirmeye Ne Dersiniz?

Düşüncelerinizi paylaşın. Tekliflerine, önerilerine açık olun.

Diyaloğu genişletin. Çocuğunuzun konuşmasından bir kısmını alıp, onun söylediklerini derleyip tekrar söyleyebilirsiniz. Sonrasında çocuğunuzun kelimelerini kullanarak sorular sorup onun konuşmasına olan güvenini artırabilir ve fikirlerinin değerli olduğunu gösterebilirsiniz.

Kapalı uçlu sorulardan kaçının. Çocuklara iletişimi arttıracak sorular sormaya özen gösterin. Cevabı evet-hayır ya da herhangi bir cevap olan sorular iletişimi sona götürür. Çocukların tarif etmesini, açıklamasını veya fikirlerini paylaşmasını sağlayacak tarzda açık uçlu sorular diyaloğu genişletir ve zenginleştirir. Özellikle okul dönüşü anneler "Bugün okul nasıl geçti?" sorusunu sorduklarında dedektif edasıyla okulla ilgili bir sürü bilgi vermesini isterler. Lakin cevap "iyi" ya da "kötü" olarak verilir. Alternatif soru örnekleri olarak şunları değerlendirebilirsiniz.

Bugün arkadaşlarınla çok eğlendiğin bir şey oldu mu?

Bugün okulda çok üzüldüğün bir şey oldu mu?

Bugün en çok ne yapmaktan zevk aldın?

Teneffüste neler yaptın?

Bugün en çok ne yaparken sıkıldın?

Okulunda neleri değiştirmek isterdin?

Bugün seni zorlayan bir şey oldu mu?

Buradaki önemli bir diğer noktayı hatırlatmak isterim. Bu soruları biz sadece örnek olması açısından verdik. Bir sorgu veya röportaj edasıyla bunların ard arda sorulması "sohbet" olmayacaktır. Dolayısıyla akışına bırakmak ve sohbetin doğal olmasına dikkat etmek gerekir.

İşaretlere dikkat edin. Çocuğunuz boşluk bırakmaya başladıysa, gözlerini kaçırıyorsa, konu değiştiriyorsa sohbeti nihayete erdirebilirsiniz.

Duygularını anladığınızı yansıtın. Ebeveyn olarak çocuğunuzun duygularını tekrar ederek aynalamaya çalışın. Çocuğunuzun duygusuna şöyle yaklaşabilirsiniz:

"Arkadaşına kızmış gibi duruyorsun."

"Çok üzgün olduğunu söylüyorsun."

"Sanırım biraz çaresiz hissettin."

Onların duygularını tekrarlamak, yeniden belirtmek, güçlü duygular yaşarken gözden kaçırabilecekleri, farkında olmadıkları şeyleri fark etmelerini sağlar.

Halimizin Tesiri

İletişim için dil aracına da her zaman ihtiyaç yoktur. Bazen kalp ile konuşur insan, bazen hal ile. Her ne kadar çoğunlukla sözlü iletişim kursak da "kalp ve hal" ile konuşma diğerlerinden daha çok tesir eder insana.

"Duygusal iletişim gerçek bir bütünleşme, bağı kuvvetlendirme sürecidir."

Üç tür duyma şekli vardır: Kulağımızla, gözümüzle ve ruhumuzla. Kulağımızla duyma sözlü iletişim kısmını oluştururken göz ve ruhumuzla duyduğumuz hal ve his iletişimini kapsar. Neden bu kadar önemlidir? Çünkü hal ve his daha geçirgendir, daha güçlüdür ve çok çabuk tesir eder. Çocuklarımız öğrenirken bunlar arasındaki denge ve uyuma da bakıp sentezleyerek bir sonuca varırlar. Bu nedenle bildiğimiz doğruları uygulamak kadar, doğru duygularla aktarmak ve yaşamak da önemlidir. Zor gibi görünse de ebeveynin kemalat sırrında terbiye edici bir rol üstlenir. Hızla büyürlerken, kendi hikâyelerini yazmaya çalışırlarken yapabileceğimiz en önemli şey onları uyumlu ve huzurlu çocukluk yılları yaşamalarına imkân sağlayacak hislerle donatmaktır. Aidiyet hissettikleri ve dönüp gelecekleri bu yıllarda yaşadıklarından ötürü iyileşmek zorunda kalmayacak yetişkinlere dönüştürmek için çaba sarf etmektir. Ebeveyn olarak sonuca tesirimiz yok ama süreç için elimizden geleni yapabiliriz.

Hal Dili

"Çocuklar yaşadıklarını öğrenir."

Dorothy Nolte

Hz. Mevlânâ'ya göre dilsiz söylenen sözlerle de bütün dünyayı seslerle doldurmak mümkündür. Üstelik dilsiz anlatılan şeyler sözle anlatılanın aksine daha iyi, daha zararsız ve daha etkilidir. Dilsiz anlatılanların tesiri de kuvvetlidir. Halin ifade ettiklerini çocuk sünger gibi emer ve taklit döneminden itibaren size sizinle ilgili bir sürü geribildirim verir. Çocuk kulağından ziyade gözüyle öğrenir.

Bilimsel bir bakış açısıyla 1977 yılında Albert Bandura isminde bir eğitim bilimci "Sosyal Bilişsel Öğrenme" adı altında bir kuram ortaya attı. Bu kuram, bireylerin gözlem yoluyla ve model alarak öğrenmelerinin gerçekleşebildiği temel savunusuna dayanıyordu. Albert Bandura, herhangi bir davranışın bireye kazandırılmasının bireye o davranışı birebir öğretilerek gerçekleşmeyeceğini, bireyin başka bir bireyden o veya bu şekilde gözlemlediği davranışı da öğrenebileceğini savundu. Bandura'ya göre gözleyerek öğrenme, sadece bir kişinin diğer kişilerin etkinliklerini basit olarak taklit etmesi değil, çevredeki olayları bilişsel olarak işlemesiyle kazanılan bilgidir.

Hal diliyle öğrenen çocuk gözlem yapar. Gözlem yaparken dört temel aşamadan bahsedebiliriz. Bunlar, dikkat etme, hatırda tutma, davranışı meydana getirme ve güdülenme süreçleridir. Hepimizin öğrenme ve deneyimleme sürecinden

> Ben dili kullandığımızda, kabul edilmeyen davranışı tanımladığımız için muhatabımız neyin sorun yarattığını öğrenir.

bu aşamaları geçmesi söz konusudur. Ama çocuklar üzerine yoğunlaşmak istiyorum. Özellikle Bandura'nın sosyal bilişsel kuramı bize oldukça yol gösteriyor.

Dikkat Etme

Gözlem yoluyla öğrenmenin birinci basamağı çocuğun rol modellere dikkat etmesidir. Bebekler konuşmayı gözlem yoluyla öğrenir. Çocuklar da cinsiyet rollerini gözlem yoluyla öğrenirler. Çocuk rol model aldığı kişinin her şeyine dikkat edip doğru biçimde algılamazsa gözlem yoluyla öğrenme meydana gelmez. Çocuğun dikkatini verememesinin nedenleri vardır. Bu nedenler arasında çocuğun özelliklerine dikkat etmek gerekir. Bunlar; ilgi, istek ve ihtiyaçları; yetenekleri; öngörü kapasitesi; dolaylı öğrenme kapasitesi; öz düzenleme kapasitesi; bilişsel ve fiziksel yapısına uygun olması hali davranışları yorumlamasını ve çocuğun kendi yeterlilikleri ile ilgili düşünceleri öğrenmesini etkiler (öz yeterlik). Özellikle "Yapabilirim" veya "asla yapamam" şeklindeki düşünceleri öğrenme üzerinde etkilidir. Ayrıca; rol model olarak seçtiği kişiye benzerliği, o kişiye hissettiği duygular da oldukça önemli ve değişkendir. En sevdiğiniz dersin en sevdiğiniz öğretmenin dersi olması, öğretmene duygularınızın olumsuz olması durumunda derse dikkat verememeniz tamamen bununla ilgilidir. Günlük yaşamda işe yarar olması, ihtiyacı karşılaması, anlamlı olması, dikkat çekici ve basit olması, sık tekrarlanması da çocuğun dikkat rutinini etkiler ve değiştirir. Çocuğu daha çok etkileyen, ihtiyacımızı karşılayan, ilgi ve yeteneği yatkın olan durumlarla pekiştirilen deneyim öğrenmeyi kalıcı hale getirir. Mesela üzülürken öğrendiklerimiz, mutluyken öğrendiklerimiz, ihtiyaç anında öğrendiklerimiz unutulmamak üzere saklanır. Öğrendiğimiz şeyin rengi, büyüklüğü, şiddeti, parlaklığı öğrenmeyi etkiler.

Hatırda Tutma

Bandura'nın kuramına göre çocuğun gördüklerini öğrenebilmesi için gözlemlediklerini hatırlaması gerekir. Bu nedenle hatırlanmak istenen her bilgi, sembolleştirilip kodlanmakta ve bellekte saklanmaktadır. Bilgi iki yolla sembolleştirilir: Biri bilginin zihinsel resimlere, imgelere dönüştürülmesidir; diğeri ise sözel sembollere dönüştürülerek saklanmasıdır. Duygular yoluyla öğrenme, bilginin hatırda kalma süresini uzatıyor. Yani duygularımızla, duyularımızın tetiklenmesiyle gözlemlediğimiz bilgiler daha kalıcı oluyor. Koku, ses, müzik ve davranış arasında bağ kuruyor ve daha uzun süreli belleğe yerleştiriyoruz. Duyduğumuz bir kokuyla beraber edindiğimiz deneyime yıllar sonra duyduğumuz koku bizi geri götürebiliyor.

Davranışı Meydana Getirme Süreci

Öğrendiğimiz her bilgi performansa dönüştürülür. Ancak bilişsel olarak öğrenilenlerin davranışa dönüştürülebilmesi için çocuğun fiziksel ve psiko-motor özelliklerinin de uygun olması gerekir. Hazır bulunuşluğunun, öğrendiği bilgi için uygun olması gerekir. Yani çocuğun fiziksel becerilerinin yaşına göre doğal gelişiminde olması deneyimlemesini mümkün kılar. Henüz emeklemeye başlayan bir bebeğe koşmayı öğretememek gibi. Ya da henüz makas kesme işlemini yapabilmesi için çocuğun parmak kaslarının gelişmiş olması ve yaşına uygun bir dönemde bunu deneyimlemesi gerekir.

Çocuğun fiziksel özellikleri uygun olsa bile, öğrendiklerini performansa dönüştürmek için yeterli isteğe ve başarabileceğine dair inanca sahip olması gerekir. Ve o davranışı zihinsel olarak tekrar etmesi gerekir.Bunun için ebeveyn olarak çocuğun gelişim dönemi özelliklerini bilmek ve uygun öğrenme aşamalarını deneyimlemesine izin vermek önemlidir. Hazır olduğu zaman makası kullanma ve kalem tutma gibi psikomotor becerilerini; koşma ve takla atma gibi fiziksel becerilerini desteklemeliyiz.

Güdülenme Süreci

Güdülenme süreci öğrenilen her davranışı performansa dönüştürmeyi sağlayan bir süreçtir. Çocuk pekiştirmeye ihtiyaç duymadan gözlemleyerek de davranışa güdülenir. Bireyin kendine değer vermesi, kendini pekiştirmesinden çok daha fazla önemlidir. Çocuğun iç güdülenmesi bile aslında bize her aşamada anne babasının halini nasıl izlediği, davranışları nasıl öğrendiği ve nasıl hayata geçirdiğiyle ilgili bilgi veriyor. Ve şunu asla unutmamalıyız çocuklar yaşadıklarını öğrenir.

His Tesiri

Çocukluğunuzda öğrendiğiniz kaç bilgiyi hatırlıyorsunuz? Kaç tane bilgi var ezberinizde? Peki ya duygularınız? En çok korktuğunuz, en çok üzüldüğünüz, en çok öfkelendiğiniz an neydi? Duygularınıza dair bilgileriniz nasıl? Çoğunlukla daha kalıcı, seneler sonra aynı duygularla karşılaştığınızda o anları tekrar tekrar yaşatacak kadar etkileyici mi?. Peki, hisler yıllar sonra karşımıza çıkacak kadar kuvvetli olan, davranış ve düşüncelerimizin yönlendiricileri nasıl bulaşıyor?

Hislerin tesir etmesi için her zaman kelimelere ya da cümlelere ihtiyaç yoktur. Konuşmasanız da birisine gülümsediğinizde onun da size gülümsediğini görürsünüz ekseriyetle. Birisi üzgün olduğunda bunu ifade etmese bile üzüntüsünü hissedersiniz? Yahut fark ettirmediğinizi düşündüğünüz halde karşınızdakinin ruh halinizi anladığı olmadı mı?

Tecrübeyle sabittir lakin bilimsel olarak da ispatlanmıştır ki birisiyle etkileşime girdiğimiz an duygularımız karşımızdakine bulaşır. His tesiri (duygusal bulaşma); etkileşime girdiğimiz eşimizle, çocuğumuzla, arkadaşımızla birbirimize geçer. Daniel Goleman'ın dediği gibi her birimizin etkileşim kurduğu insanlar üzerinde olumlu, olumsuz etkimiz vardır. Sosyal ve Bilişsel

Öğrenme kuramı temsilcilerinden Bandura'ya göre özellikle erken yaşlardaki çocukların ailelerinde gözlemledikleri duygusal ve psikolojik yapıları da modeller. Bandura bu duygusal modellemeyi önemseyerek "Dolaylı Duygu" kavramıyla kuramını da zenginleştirir. Daha sonra sosyal psikolog Elaine Hatfield bu kavramı bir üst düzeye taşıyarak "Duygu Bulaşıcılığı" (emotional cognation) isminde farklı bir kuram ortaya atar. Bu kuram da sosyal bir ortamda duygunun modellenebildiği ve kişiden kişiye geçebildiğini savunur. Daha sonra yapılan birçok araştırmada da bu kavramı destekleyecek nitelikte sonuçlara ulaşılır. Araştırmacılar, insanlar ne zaman bir araya gelse tamamen sözsüz bir ilişki söz konusu olduğunda bile, duyguların kaçınılmaz biçimde yayıldığını defalarca gördüler.

Başta söylediğimiz gibi Goleman'ın hipotezine göre; özellikle her ortamda gruplar halinde bir arada olan insanlarda kaçınılmaz olarak birbirlerinin duygularını kapmakta ve kıskançlık ve imrenmeden, hiddet ya da sevince kadar her şeyi paylaşmakta olduğu gözlemlenir. Yaşamlarının ilk yıllarını çocuklar, çevrelerindeki sosyal yaşamı gözlemleyerek ve gözlemledikleri davranışları deneme ve yanılma yoluyla gerçekleştirmeye çalışarak geçirirler.

Peki, bu nasıl olur? Daniel Goleman bu konuda ayna nöronların bir çeşit nöron ağı gibi beyinleri birbirine bağladığını söyler. Böylece beynimiz başkalarının hissettiklerini hisseder ve aynısını kendisi için de kopyalar.

Ayna nöronlar aktive oldukları zaman beyin, izlediğimiz kişilerin beyin aktivitelerini taklit eder. Sanki o duygu bizimmiş gibi davranmamızın nedeni budur. Yani, ayna nöronlarda ve beynimizin diğer bölümlerinde (insular korteks gibi) his tesiri (duygusal bulaşma) dediğimiz hali hissederiz. Çocuklar onların en çok kapsama alanına giren anne babalarını tamamen gözlemlerler. Her davranış ve olaylara verilen tepkileri onların üst düzey "gözlem radarları" tarafından algılanır. Bu büyük gözlem radarları içerisine anne babaların sadece davranışları değil, Albert Bandura'nın da belirttiği gibi duygular da girer. Kaydedilen her hal ve duygu sonraki aşamada anlamlandırılmaya ve tekrarlanmaya çalışılır.

Özellikle kendi duygu durumunuzun farklılıklar gösterdiği günleri düşünün. Eğer çok mutlu ve neşeli bir hal içerisindeyseniz çocuklarınızın da bu duygu halleri içerisinde olacaklarını rahatlıkla gözlemleyebilirsiniz. Eğer çok üzüntülü, hüzünlü bir duygu hali içerisindeyseniz çocuklarınızın da (siz hiç çaktırmamaya çalışsanız dahi...) bu olumsuz duygular içerisine gireceklerini fark edebilirsiniz. Henüz bebekken yaşamın ilk yıllarında bile eve misafir geldiğinde annelerin sıkça şöyle dediğini duyarız. "Bugün misafir gelecek ya anladı sanki huzursuzdu, hiç durmadı." Bu duygu durumu aslında çocuğa mı aittir yoksa bize mi? Bu cevabın altında bizim tedirginliğimiz, kaygımız, korkumuz veya rahatlığımızın nasıl da geçirgen olduğunun cevabına ulaşabiliriz.

Bunun yanı sıra öğretmen arkadaşlarımın birçoğu daha velilerle tanışmadan ailede hâkim olan genel duygu halini çocuklarının genel duygu halinden kestirebildiklerini ve çoğu zaman da yanılmadıklarını söylerler. Bunun için sağlıklı ve olumlu bir duygu hali için kendi genel duygu durumumuzu yükseltmekte ve çocuklarımızın yanında olumsuz duygu hallerini sürekli yaşamamaya çalışmakta fayda var. Buradaki sürekli ifadesini özellikle kullandım. Çünkü olumsuz duygular da bize ait ve zaman zaman kendimizi o olumsuz duyguları yaşarken bulabiliriz. Sadece o ruh halinin sıklığı önemlidir. Sürekli mutsuz ve üzgün bir ebeveyn takdir edersiniz ki çocukta da o duyguların hâkim olduğu bir hayat rotası belirler. Aynı zamanda bu şu demektir; çocukken gördüğümüz, işittiğimiz, sezdiğimiz her hali bir duyguyla bağlantılı olarak kaydedip dosyalarız. Bu dosyalar davranışlarımızı yönlendiren programlara dönüşür. Yetişkin olunca aynı duyguları hissettiğimizde kayıtlar otomatik karşımıza çıkar.

Yaşamlarının ilk yıllarını çocuklar, çevrelerindeki sosyal yaşamı gözlemleyerek ve gözlemledikleri davranışları deneme ve yanılma yoluyla gerçekleştirmeye çalışarak geçirirler.

Ve geçmişte örneklediğimiz davranışı taklit ederken ve o duyguları hissederken buluruz kendimizi.

Annemizle yaşadığımız bir olayın duygusunu bugün çocuğumuzla ya da eşimizle yaşadığımız bir olayın sonunda o duyguya geçmişteki gibi tepki veririz. Bunu nasıl kontrol edebiliriz? Bu sorunun cevabı ise "Bu duyguyu neden hissediyoruz?" sorusunun cevabındaki farkındalıkta saklıdır. Aşamayacağımız derecede yoğun duygular ve duygusal tepkiler içindeysek uzman desteği almak yararlı olacaktır.

Çocukta davranış değişikliği oluşturmak istediğimizde kullanacağımız, duygularımızı ifade edeceğiniz dil de oldukça mühimdir.

Mesela "Yatağın üstünde zıplama, koşma, yapma, etme," demek yapmasını istemediğimiz şeyi öğretmez. Ya da "Kardeşine bir daha sakın vurma. Bıktım senin kıskançlığından!" demek de aynı şekilde pek bir işe yaramaz. Bu tepkisel yönlendirmeler yerine "Kardeşine vurman doğru değil. Vurmak acıtır. Şu an canı çok acıdı. Sevdiğim biri sevdiğim bir başkasını incittiğinde çok üzülüyorum. Hepimizin kendini güvende hissetmesini istiyorum. Üzgünsün biliyorum. Seni dinleyebilirim."

"Hâlâ bu odayı toplamadın mı?" demek yerine "Yerdeki kıyafetlerini dolabına koyar mısın? Bu kıyafetler her defasında yerde olduğunda yorgun olduğum için kendimi üzgün hissediyorum. Bana yardımcı olmanı rica ediyorum."

Duygularla ilgili bir durum yaşadığınızda kendinize şu soruyu sormanızı tavsiye ederim: Çocuklarınıza ve birbirinize geçmesini istediğiniz duygular nelerdir? Bu cevap sizin yıllar sonra geriye döndüğünüzde hatırladığınız aile ilişkisinin ruhunu oluşturacak.

Can Kulağıyla Dinlemek

Annenin kalp atışlarını işiterek başlayan bebeğin dinleme süreci, yaşamdaki farklı sesleri duyup tanıyarak devam eder. Ölene kadar bağ kurma çabası içindeyken merkezde "dinleme" eylemi durur. Fakat o kadar çok gürültü var ki hem insanın içinde hem de şehrin caddelerinde... Herkes kendi hayat telaşının ve hengâmesinin arasında koşuşturmaca halindeyken, diğerini dinlemeden sahici bir ilişki kurmak mümkün müdür? Kimsenin kimseyi tam olarak anlamadığı, herkesin anlaşılmayı beklediği koca bir kaosa "hayat" nedir mi? Orada hayata dair bir belirti var mıdır? İnsanın sahici olabilmesi için sadece karşısındakini de değil kendisini de dinlemesi gerekir. Hayata dair "yaşam belirtisi" karşılıklı anlaşabildiğin, anlaşıldığını hissettiğin, anlam dolu ilişkiler bütünü kurduğun vakit sağlanır. Ve aslında hepimiz anlaşılmak istiyoruz. Bu perspektiften bakınca anlamaya giden yoldaki en önemli eylem aslında "dinlemektir." Kolay gibi görünse de oldukça zordur ve gerçekten dinleyenler de kıymetlidir. Çünkü Benjamin Franklin'in ifade ettiği gibi "Dinlemeyi bilenler, ülkeleri fethedenlerden çok daha büyüktür."

Sahi "dinlemek" deyince ne geçiyor içinizden? Mesela en son ne zaman birisinin sizi tam anlamıyla anladığını, size tüm dikkatini vererek dinlediğini hissettiniz? Yoksa sadece duyuyorlar mı? Dinlemek ne demektir; pasif bir bekleme anı mıdır yoksa aktif ama sessiz bir diyalog hali midir?

Dinlemek; birinin diğerine tüm dikkatini vermesidir. Teselli etmemek, oyalamamak, "boş ver" dememek, o konuşurken kendinden örnekler vermemek, tavsiye ve öğütleri sürekli sıralamamak, sorgulamamak, yargılamamak, felsefe yapmamak, hafife almamak, düzeltmeye çalışmamaktır. Sadece dinlemektir. Can kulağı ile dinlemek...

Ne yazık gündelik hayatta birbirimizi, çocuklarımızı koşuşturmacamızın arasına sıkıştırarak dinlediğimizde "sıkışmışlık" hissi ve dinlenmemişlik hissi geçiyor karşımızdakine. Bir koşturmaca yoksa da önyargılar, kaygılar, gözlemler giriyorsa devreye can kulağıyla dinleme hali gene gerçekleşmiyor.

Dale Carnegie'e "Dost Kazanma ve İnsanları Etkileme" adlı eserinde; "İyi bir dinleyici olduğumuzda insanlara hem kendileri hakkında konuşma cesareti vermiş hem de kendilerini önemli hissetmelerini sağlamış oluruz," der. Yani can kulağıyla dinleyip etkili iletişim gerçekleştiğinde karşımızdaki kişiyle "bağ" kurmamız mümkündür.

Sağlıklı kulakları olan herkes çevredeki tüm sesleri anlama, algılama ve yorumlama faaliyetiyle işitir. Orta beyinde gerçekleşen rutin bir faaliyettir. İşitilen bir sesten anlam çıkartma, konu hakkında sorular sorabilme, konunun bütününü kavrayabilme, dikkatle konuşmacıya odaklanma ve mantık yürütme ise dinleme faaliyetidir. Dinleme üst beyinde gerçekleşen, çaba ve efor gerektiren bir faaliyettir.

Dinlemeye Nereden Başlamalıyım?

Mikro âlemde ne olursa makro âleme o yansır. Mesela bu ifadeden yola çıkarsak iki ya da daha fazla insan arasında sadece dinleme eksikliğinden kaynaklanan iletişim sorunları, makro objektiften bakıldığında ülkeler arasında çatışmaya dönüşebilir. Sağlamasını yapmak da mümkün.

Basit bir oyun vardır. "Kulaktan kulağa." Aranızda bu oyunu oynamayan sanıyorum yoktur. "A" kişisinin söylediği kelime "Z" kişisine ulaşıncaya kadar şekilden şekle girer.

Bir kelime yanlış aktarım sonucu anlamından oldukça uzaklaşabilmektedir.

Toplumsal olarak "öteki" algısının yıkılması, görünmeyen duvarların aşılması tüm yargıları bırakıp birbirimizi dinleyebilmekle mümkündür. Başlayacağımız yer ise önce kendi iç âlemimiz, sonra ailemizdir. Bilhassa çocuklarla ilişkimizde "dinlemenin ihmali" neticesinde "çocuğun ihlali" ziyadesiyle fazladır.

İnsan kendine yabancılaşırsa çevredeki herkese yabancılaşır. Eşine de çocuklarına da seslense de duyuramaz sesini.

Çocukları Can Kulağıyla Dinlemenin Kazanımları

- Çocuğun konuşma yeteneği ve kelime hazinesi gelişir, kendini rahatlıkla ifade eder.
- Anlaşıldığını hisseder, daha huzurlu ve güvenli olarak sorunlarını konuşarak halleder.
- Çocukla ebeveynleri arasındaki güvenli bağ sıkı bir şekilde sağlanır.
- Söyledikleri dinlenen çocuk, anne babasını dinlemeye başlar.
- Sorunlarını davranışla göstermek yerine (saldırganlık, ağlamak, huysuzluk) sözle ifade ederek rahatlar.

Çocuğunu sağlıklı dinleyen ebeveynler çocuklarının duygularından haberdar olur. Çok iyi biliyoruz ki karşılanmamış duygusal ihtiyaçlar davranış problemleri olarak açığa çıkar. Dinlendiğini hisseden çocuk anlaşıldığını da görür. Anlaşılmak ise karşılanmamış ihtiyaç oluşmasına engel olur.

Çocuğu gerçekten dinlemek; sessizlik, anlayış, empati (kendini çocuğun yerine koyarak olaya bakabilme yeteneği) ve yorumsuz dinleyebilme yeteneği gerektirir. Çocuğu dinlemek onun isteklerini mutlaka yerine getirmek demek değildir. Dinlemek, çocuğa sorununu anlattırıp rahatlatmak, anlayabilmek demektir.

Dinlerken duygularını anladığımızı aynalamak oldukça önemlidir. Mesela;

Çocuk: "Kardeşim elimden oyuncağımı çekti."

Anne: "Üzüldün sanırım. Oyuncağının elinden bu şekilde çekilmesi hiç hoşuna gitmiyor."

Çocuk: "Hem de çok üzüldüm."

Çocuk (2): "Bugün sıra arkadaşım Selen beni deli etti. Sürekli eliyle benim sınırıma geçiyor."

Anne(2): "Arkadaşının sınırını ihlal ettiğini düşündüğün için davranışından rahatsızlık duymuşsun, öfkelenmişsin."

Çocuk: "Hem de çok öfkelendim."

Çocuklar gerçekten duyulduklarında üzerlerinde taşıdıkları duygusal yükleri kenara bırakıverirler. Anlaşılmadıklarını hissederlerse o yükleri taşımaya devam ederler.

Can Kulağıyla Dinlemeyi Ne Engeller?

- Tavsiyede bulunmak,
- Durumu düzeltmeye çalışmak,
- Abartmak ya da hafife almak,
- Görmezden gelmek,
- Yarışmak, yargılamak,
- Duyguları inkâr etmek,
- Sorgulamak, açıklamalar yapmaya çalışmak,
- Dinlerken sıranın sana gelmesini beklemek ya da başka şeyler düşünmek,
- Başka şeylerle ilgilenmek,
- Seçerek dinlemektir.

Nasıl Can Kulağı ile Dinlerim?

- **Susmak:** İç sesleri, önyargıları susturmak, sadece karşınızdaki kişinin anlattıklarına, duygularına, kalbine dikkat etmektir. Bu öyle bir sükuttur ki hem susana hem anlatana iyi gelir.

- **Odaklanmak;** Eğer o an kişiye yönelmenizi engelleyen bir durumunuz varsa bu durumunuzu izah etmek gerekir. Onu duymak istemelisiniz ve bunun için de zaman ayırmanız gerekir. Bunun için de istekli olmanız veya istekli olduğunuz vakti değerlendirmeniz gerekir.

- **Empati kurmak:** Sizin doğrularınızla çelişen yahut düşüncelerinizden farklı çizgide şeyler duyuyorsanız bunların ona ait olduğuna dair empati yaparak dinleyin.

- **Söz kesmemek:** Özellikle çocuklar söyleyeceklerini unutabileceklerinden yahut değersiz hissedeceklerinden sonuna kadar dinleyip aynalama yapmak gerekir. Yani, "Bazı şeyler duydum senden, doğru mu?" diyerek sözlerini tekrar etmek dinlediğinizi de fark edeceklerinden dinleme halini kıymetlendirir.

- **Dinleme esnasında duygularımızı, mimiklerimizi kontrol etmek:** Dinlerken duyduğunuz şeyler sizde farklı duygular hissettirebilir. Korkabilir, endişelenebilir, öfke duyabilir, kaygılanabilirsiniz. Bununla birlikte dinlerken bunları mimiklerle, hareketlerle, sözlerle yansıtırsanız konuşma yarıda kalabilir ve çocuk sizden çekinip anlatmaktan vaz geçebilir. Sıra geldiğinde hissettiklerinizi muhatabınızın yaş ve gelişimine uygun olarak doğru bir üslupla anlatmanız daha iyi olacaktır.

- **Soru sormak:** Bu aslında dinlediğimizi gösteren en önemli geribildirim aracıdır. Anlamadığımız yerleri veya anladığımızı göstermek için şöyle mi demek istedin gibi bir dönüşle teyit etmektir.

- **Duyguların değiştiğini kabul etmek:** Öfke sevgiye, çaresizlik umuda dönüşebilir. Bu nedenle kalıcıymışlar gibi hissetmemelisiniz.
- **Bedensel olarak onda olmak:** Tam bu noktada aslında Peygamber Efendimiz (s.a.v.) bize harika örnekler veriyor hayatında. Efendimiz (s.a.v.) birisini dinlerken tüm bedeniyle o kişiye yönelirmiş. Torunları ve çocukları da buna dâhil. Çocukların boy mesafesine eğilirmiş veya göz temasını sağlayabileceği hale gelirmiş. Eğer devenin üzerindeyse ve torunları onunla konuşmak istedilerse ve inemiyorsa onları yukarı çıkarırmış. Ergenlik döneminde olan çocukların fikrini sorar, istişare eder ve kararlarına saygı duyarmış. Ve ebeveynler olarak 13-14 yaşlarında olduğunuzu ve sürekli anne-babanızın kendi zamanındaki deneyimlerini dinlemek zorunda kaldığınızı düşünün, ne hissederdiniz? Ya da kendinizi anlattığınızı düşündüğünüzde tepkisel cevaplar aldığınızı, anlaşılmadığınızı ve dahi gözlerinize bile elindeki ekran meşguliyetinden dolayı bakılmadığını düşünün, sahiden ne hissedersiniz?

Eğer küçükse çocuğun boy mesafesine eğilip gözlerinin ta içine bakıp onu kalbinizle dinlemek, duygularını anladığınızı ifade etmek, sonra anlamadığınız kısmı anlamaya niyet ve gayret etmek, hak vermediğiniz kısmı ise izah etmek aslında can kulağı ile dinleme biçimidir. Bunun için lütfen hepimiz sessizce telefonlarınızı ve meşguliyetlerinizi bırakın. Siz şimdi onları dinlerseniz ilerleyen yıllarda dinleme ve birbirinizde dinlenme sorunu yaşamazsınız. Bırakalım gözler ve ruhlar birbirine değsin.

FARKINDALIK ÇALIŞMASI

"Gördük ki, mutluluğu kaydetmek onun süresini uzattı ve hüznümüzü yazmak onun acısını hafifletti ve çok kez de yazarken bile bir problemimize çözüm yolu gösterdi..."

Dorothy Day

Hayatınızda size eşlik eden geçmişte veya bu gününüzde önemli gördüğünüz bir kişiyi seçin. Ve aşağıdaki kelimelerden biri olsaydı ne olurdu diye düşünerek yazın. Yazdıklarınız ve yazarken hissettikleriniz sizde kalacak. İsterseniz yazdıktan sonra hissettiklerinizi de ayrıca yazabilirsiniz.

Tuttuğunuz kişi;

- Mevsim olsaydı ....
- Çiçek olsaydı ....
- Koku olsaydı ....
- Tat olsaydı ....
- Ses olsaydı ....
- Kitap olsaydı ....
- Renk olsaydı ....
- Hava olsaydı ....
- Sıfat olsaydı ....
- Oyuncak olsaydı ....
- Şarkı olsaydı ....
- Odanda bir eşya olsaydı ....
- Kelime olsaydı ....

Şiddetsiz İletişimin Tesiri

Şiddet bulaşıcı bir hastalık gibidir, tedavi etmezsek bu filmin sonunda hepimiz feryad edeceğiz. Her geçen gün daha duyarsız, empatiden uzak bir neslin nasıl büyüdüğünü izliyoruz. Yolda, okulda, sokakta, ailede birbiriyle temasa geçmeyen asık suratlar, yorgun bakışlar, gergin ve tepkisel davranışlar. İçimizde çok derinlerde hepimizde var olan şefkat duygusu nasıl ve neden bu kadar uzağa düşüyor? Asırlar önce Peygamber Efendimizin (s.a.v.) şiddet ve öfkenin ortasında tertemiz bir saadet devri yaşatan merhamet eksenli inancını, yaklaşımlarını merhem olarak tercih edebiliyor muyuz?

Öfke devrini saadet devrine çeviren merhametin bugün kalplerimize, hanelerimize de bulaşması lazım. Bazı şeylerin yoluna girmesi için insanların birbirini daha çok anlamaya ve dinlemeye ihtiyaç duydukları gerçeği üzerinde durmalıyız. Bu şifa bizim inancımızda, köklerimizde mevcut. Bunu fark etmeye ihtiyacımız var.

Gönülden kendinizi ifade ettiğiniz, duyulduğunuzu, görüldüğünüzü hissettiğiniz bir hayat sanırım birçoğumuzun istediği şeydir. Var olan çatışmaları çözmek, içten ve anlaşılır, sahici ilişkiler kurmak için yöntem olarak Marshall Rosenberg'in geliştirdiği şiddetsiz iletişim dilimizi, bakışımızı değiştirmemizi kolaylaştır. Rosenberg şiddetsiz iletişim süreci ile ilgili olarak 4 aşamadan bahseder. Bunlar şöyledir: Gözlem, duygu, ihtiyaç, rica.

Şiddetsiz İletişim isimli kitabında "Bizi etkileyen gözlemlediğimiz somut davranışlar, gözlemlerimize bağlı olarak kendimizi nasıl hissettiğimiz, duygularımızı oluşturan ihtiyaçlarımız, değerlerimiz ve arzularımız ve benzerleridir. Yaşamımız, zenginleştirmek için rica ettiğimiz somut davranışlardan oluşur. Şiddetsiz iletişime ilişkin yöntem ve teknikleri yaşamımızın içine almak zaman, odak ve gayret gerektirir. Ve en önemlisi de şiddetsiz iletişim dilini tercih ederken bu dört aşamayı içerecek şekilde ifade etmek gerekir. Ve dört öğe aracılığıyla empati ile diğerini dinleyebilmek. Sonuçları ise inanın bu çabaya değer. Hayata geçirmek için 3 şey gerekli: niyet, gayret, pratik...'

Dilerseniz empati becerisi kazandıran şiddetsiz iletişimin birinci bileşenine bakalım.

Gözlem

Doğru iletişim kurmanın kendimizi doğru anlatabilmenin ve anlayabilmenin temelini, önce kendi ihtiyaç ve duygumuzun farkında olmak, sonra karşı tarafın ihtiyacını ve duygusunu anlamak oluşturur. Yani teşhis, yorum, yargı kullanmadan, kişilerin kişilikleriyle ilgili değerlendirme yapmadan, olan bitenin nesnel tanımını yaparak ne görüldüğünün ve ne duyulduğunun söylenmesidir. Çok kolaymış gibi görünse de öğrendikleriniz, ezberledikleriniz ve yaşantılarınız sebebiyle oldukça zor hale gelir. Çünkü gözlem yaparken bile içinde eleştiri ve yargı içeren değerlendirmelerde bulunuruz.

Mesela "Karnını doyurduktan sonra tabakları tezgâha bırakmadığını görüyorum," demek yerine "Yiyip yiyip etrafı kirletmenden bıktım," diyoruz. Ya da "Kirli çoraplarını yere attığını görüyorum," yerine "Kirli çoraplarından bıktım, ne kadar dağınıksın," diyoruz.

Eş iletişimine dair daha detaylı bir örnek verelim. Mesela eşiniz iş çıkışı eve gelip yorgun olduğunu ifade ettiğinde, bu yorgunluktan sadece kendi ihtiyaçlarınızı baz alarak şöyle bir yorum yaparsanız onun ihtiyaçlarını yok saymış olursunuz.

"Sen de hep bana gelince yorgunsun.", "Bıktım bana vakit ayırmamandan.", "Telefona gelince, arkadaşlarına gelince gayet iyisin, bana gelince hep yorgun ol." Hissettikleriniz bunlar olabilir. Kendinizi değersiz hissetmiş yahut bir beraberliğe ihtiyaç duymuş olabilirsiniz. Bununla birlikte onun yorgun olduğu gerçeği var. Bu nedenle kendi içinizde eşinizin davranışlarını yorumlamak yerine gözlem yapmalısınız. Gerçekten yorgun olduğu için ve adım atacak hali olmadığı için size daha sıkı sarılamamış olabilir, bir an evvel uzanıp dinlenmek de istiyor olabilir.

Gözlem yaptığınızda, sanki bir kamera gibi eve girdiği an itibariyle davranışlarına odaklandığınızda duygularınız devreye girmeden olayı nesnel bir şekilde analiz edebilirsiniz. Bu da size durumu daha önyargısız ve yargılamadan değerlendirme ve ifade etme imkânı sağlar. Bu nedenle şiddetsiz iletişimin ilk adımı tarafsız gözlemdir. Mesela "Şu oyuncakları hiç toplamıyorsun!" bir değerlendirmedir. "Oyuncakları iki kere yerine kaldırdın sonra kaldırmanı istediğimde kaldırmadın." "Ödevlerini bitiremeyeceksin." Yerine "Ödevlerini zamanında yapmazsan bitiremeyeceğinden korkuyorum." "Hep işlerini son ana bırakıyorsun," yerine " Bir gün önce çalışıyorsun," dediğimizde gözlem yapmış oluruz. Biraz pratik yapmaya ne dersiniz?

FARKINDALIK ÇALIŞMASI

Gözlem ve değerlendirme arasındaki ayrımı yapabilmek için biraz pratik yapmaya ne dersiniz?

GÖZLEM DEĞERLENDİRME

- "Sürekli bağırıyorsun, çok yoruldum."
- "Avaz avaz ağlama, ne istediğini anlamıyorum!"
- "Benimle hiç ilgilenmiyorsun."
- "Bir şey izlemeye daldığın zaman elini ağzına götürüyorsun."
- "Harika bir resim yapmışsın."
- "Muhteşem görünüyorsun."
- "Yerdeki dinazorlarını rafa kaldırır mısın?"
- "Şu dişlerini hiç fırçalamıyorsun."
- "Bir kere de biz söylemeden yemek ye!"
- "Annem kitaplarımı son dakika hazırladığımı söyledi."
- "Tüm gün bilgisayar başındasın."

Duygu

Tarafsız gözlemlemeden sonra karşınızdaki kişinin davranışlarının ve sözcüklerinin sizde ne hissettirdiğine bakmalısınız. Üzgün müsünüz, kızgın mısınız, üst üste geldiği için kırgın mısınız? Doğru duygunuza ulaşmak sizi gerçek ihtiyacınıza götürür. Genel olarak duygularını içinde yaşayan insanlar hayatı içlenerek yaşarlar. Sonra gerçek duygularının üzerini başka duygular sarmalar ve dışarıya taşan da sarmalanan duygulardır. Mesela; uzun süre incitilmiş, üzgün hisseden kişi bu duygularını fark edip ifade edemezse dışarıya öfkeli bir insan olarak görülür çoğunlukla. Ne hissettiğini bulamayan kişi nasıl ifade edeceğini de bilemez. Çünkü ifade etmesini engelleyen geçmiş deneyimleri ve sözleri vardır. Bazı insanlar duygularını ifade etmenin zayıflık göstergesi olduğunu, bazıları ise anlaşılmayacaklarını düşünür. Bu düşünceler de insanın kendi hislerine yabancılaşmasına sebep olur. Ve insan, en çok kendi duygularının gurbetine düşer. Kendisine gurbette olan, ne hissettiğini bilemeyen insan diğerini asla duyamaz.

Rahat ifade edilemeyen duygular birikir ve iç dünyamızı kaosa çevirir. Kimi zaman çocukların duygularını gizlediklerini görürüz. Düşer canı acır ama ebeveyniyle göz göze gelir ve canı acımamış gibi yapar. "Mış gibi yaptığında" acıyı hissetmeyeceğini varsayar belki de zamanla.

Çocuğun duygularını gizlemesi aslında ebeveyniyle arasında büyük sorunların olduğunun önemli bir işaretidir. Çocukların duygularından uzaklaşmalarının, duygularının üstünü örtmelerinin hızla önüne geçmeli, duygularını paylaşmakta onları zorlayan durum ne ise onu değiştirmeliyiz. Son yıllarda yapılan araştırmalarda çok net görüyoruz ki biriken, üzeri örtülen duygular biriktikçe psikosomatik rahatsızlıklar olarak açığa çıkar.

Şiddetsiz iletişimde duygularının farkında olmak ve onların sorumluluğunu almak oldukça önemlidir. Empati yapabilmenin en önemli şartı kişinin hislerinin farkında olması ve başkasını da hissedebilmesidir.

İnsanın "Bu durum bende hangi duyguyu tetikledi?", "Benim durumum ne?" sorularını kendine sorması ve doğru cevaplara ulaşması önemlidir.

"Bu çorapları yere atmandan sıkıldım, senin dağınıklığından bıktım!" yerine "Bu çorapları yerde gördüğüm zaman yorgun olduğum için (ev dağınık olduğu için) üzgün hissediyorum."

"Benimle hiç konuşmamandan sıkıldım." Yerine "Benimle 3 gündür sohbet etmiyorsun. Bu nedenle üzgün ve yalnız hissediyorum."

Başlangıçta ezberlerimiz farklı olduğu için bu şekilde cümleler kurmakta zorlansanız da zamanla ne kadar iyi geldiğini fark edeceksiniz.

Duygularımızın farkında olmak neden bu kadar önemli? Çünkü bize ihtiyaçlarımızı gösterir. Birer haberci durumundadır duygularımız. Duygularının farkında olan hangi ihtiyacının karşılandığını veya karşılanmadığını da anlar. Aynı zamanda ihtiyacımızı elde etmemizi sağlayacak dürtüyü ve enerjinin de tetikleyicisidirler.

Marshall Rosenberg'in *Şiddetsiz İletişim* isimli kitabında ihtiyaçların karşılanıp karşılanmaması durumuna göre kategorize ettiği duygular şunlardır.

İhtiyaçlarımız karşılanmadığında hissettiğimiz duygular: Mahsun, üzgün, kederli, öfkeli, yaslı, perişan, isteksiz, incinmiş, rahatsız, utanmış, suçlu, sabırsız, sıkıntılı, daralmış, tedirgin, sinirli, asabi, yanlış anlaşılmış, kıskanmış, kırılgan, kafası karışmış, hayal kırıklığına uğramış, korku içinde, ümitsiz, alıngan, gergin, uyuşmuş, yaralı, yıkılmış, zayıf, küskün, gönülsüz, kopuk, bıkkın, yalnız...

İhtiyaçlarımız karşılandığında hissettiğimiz duygular: Memnun, neşeli, enerji dolu, zinde, ilgili, canlı, istekli, etkilenmiş, dingin, coşkulu, heyecanlı, mutlu, sevecen, uyanık sıcak, şefkatli, şaşkın, kendine güvenli, hayret içinde, güvende, meraklı, emin, iyimser, tatmin olmuş, şükran dolu, gururlu...

Bu duygular kendi tetiklenmelerimize bağlı olarak da değişir. Aynı durum karşısında herkesin ihtiyacı ve bunun karşılığında hissettiği duygusu da farklıdır. Dolayısıyla karşılaştığımız her olay, kişi, sözcük karşısındaki hislerimizden "biz" sorumluyuz. Ve bu hislerim bana özel çünkü sadece benim hikâyemde bana özel olan bir ihtiyacın göstergesidir. Onu bulursam iyileşmek de daha mümkün olur. Çocuklarınızla, eşlerinizle ilişkilerinizi düzenlemek istiyorsak duyguların dönüştürücü gücünden yararlanmalıyız.

İhtiyaç

Karşılaştığımız her olaya herkes birbirinden farklı tepkiler verir. Tepkilerimize biraz odaklandığımızda arkasında bize gerçek ihtiyacımızı fısıldayan duygular olduğunu fark edebiliriz. Bağırdığımız zaman neden bağırıyoruz? Gerçekten neye ihtiyacımız var? Anlaşılmaya mı ihtiyacımız var yoksa fark edilmeye mi? Değerli hissetmek mi istiyoruz? Karşılanmayan hangi ihtiyacımızdan ötürü bu kadar acı çekiyoruz?

Kederli hissettiğiniz zaman güvenlik ihtiyacınız mı var? Sevgi mi yoksa özen ihtiyacı mı? Kederli birisini, bağıran birisini gördüğünüzde de nasıl etkilendiğiniz ihtiyaçlarınızı gösterir. "Bu şahsın bağırması bana nasıl hissettiriyor? Beni nerelere götürüyor? Neden ve nasıl tepki veriyorum?", "Çocuğumun en çok tepki verdiğim hangi davranışları bana aslında ne hissettiriyor?", "Beni nereye götürüyor?", "Bu duygu nereden tanıdık geliyor?", "İlk defa nerede karşılaşmıştım bu duyguyla, hangi ihtiyacım karşılanmamıştı?" Bu soruları sorduğunuzda aldığınız cevaplar çok kıymetli.

Her cevap insanın kendini bilmesi adına kendisiyle buluşma hali gibidir. "Nefsini bilen Rabb'ini bilir," hakikatiyle değerlendirdiğimiz cevaplar önemli bir basamaktır. "Benden öte" "benden ziyade olan" bana "sır" olan Hakk'a erişmem için anahtar kıymetindedir. Bu nazarla kendine bakan, kendini değerlendiren her insanın duygusu da ihtiyacı da oldukça kıymetli ve anlamlıdır.

İnsanın İhtiyaçları Nelerdir?

Verdiğimiz tepkiler bizi ihtiyaçlarımıza götürür. Hatta öteki ile ilgili yaptığımız yorumlar, tepkiler, duyduğumuz kaygılar, düşünceler bile bize ihtiyaçlarımızdan haber verir. "Sürekli yorgunsun, gözün işten başka bir şey görmüyor," diyen eş aslında ilgi ihtiyacı olduğunu ifade etmeye çalışıyordur. Yahut "Bıktım anne hep telefona bakıyorsun," diyen çocuğunuz sevgi, ilgi ve yakınlık ihtiyacı olduğunu ifade ediyordur. "Beni hiç anlamıyorsun!" diyen çocuk anlaşılma ihtiyacı olduğunu ifade ediyordur.

Trafikte olduğunuzu hayal edin. Birisi çıkıyor ve yoğun bir öfkeyle bağırıyor etraftakilere. Otomatik tepkilerinizi durdurun, yargılamadan, bağırıp çağırmadan birkaç saniye durup "Bu adam neden bağırıyor olabilir?" diye kendinize sorun. Bu soruyla yola çıktığınızda insanın karşılanmayan temel ihtiyaçlarına daha yakından bakma imkanı tanırız. Aslında "bağıran adam"ın ardında "karşılanmayan ihtiyaçları nedeniyle belki acı çeken, belki feryad eden birisi" olduğunu fark ederiz. "Neden acı çekiyor, neden öfke ile karşılık veriyor, başka hangi duyguları gizliyor?" gibi sorular eşliğinde tepkilerinizi gözden geçirme imkanı sağlayın kendinize. Ve ana soru aslında kendimize çıkan soru " Bu adamın öfkesi, acısı bende nasıl bir tepki oluşturuyor? Bana kendimi nasıl hissettiriyor? Bana kimi veya hangi olayı hatırlatıyor? Şu an hissettiğim öncelikli duygularıma eşlik eden başka hangi duygularım var?" Bu sorularla "öteki" dediğimiz kişiyi anlamaya çalışmak hangi davranışlarla neticelenir? Öfkenin ardında fark ettiğimiz acı çeken insana karşı hâlâ yoğun bir öfke hissedebilir misiniz? Hem kendi ihtiyaçlarını fark eden hem başkalarının ihtiyaçlarına duyarlı olan insanlar ilişkilerinde veya karşılaştıkları problemlerde daha çözümleyici ve duyarlı olurlar. İhtiyaçları aslında hepimiz Maslow'un ihtiyaçlar hiyerarşisinden biliriz. Her insanın 5 Temel ihtiyacı olduğunu bildirir Maslow. Bunlar şöyledir:

1. Fizyolojik ihtiyaçlar (yeme, içme vs...)
2. Güvenlik ihtiyaçları (barınma, korunma)
3. Ait olma ve sevgi ihtiyacı (sosyalleşme, aidiyet)
4. Saygı ihtiyacı (özsaygı)
5. Kendini gerçekleştirme ihtiyacı (varoluş amacını anlamak)

Yani aslında fizyolojik ihtiyaçlarını karşılayan biri için güvenlik ihtiyaçları öne çıkar. Yahut güvenlik ihtiyaçlarını karşılamış biri ait olacağı bir grup arayışı ile sevgi ihtiyacını karşılamaya çalışır. Ve en nihai noktada, hayatın anlamını sorguladığı yerde kendini gerçekleştirme ihtiyacını karşılar. Maslow'un ihtiyaçları hiyerarşisini tamamlayıcı nitelikte Şiddetsiz İletişim'in Kurucusu M. B. Rosenberg'in analizlerine dayanarak hazırladığı "Temel İhtiyaçlar" listesinden yararlanmanızı tavsiye ederim. Rosenberg'in listesinde tüm insanlara hitap edebilecek birçok ortak temel ihtiyaçlar tek tek yazılmış.

Marshall Rosenberg'e göre temel ihtiyaçlarımız 7 başlıkta toplanabilir. Bunlar ise şöyledir:

- **Özerklik/Otonomi:** İnsanın hayallerini, hedeflerini ve değerlerini seçmesidir. Hayal edebilmek, hayata dair anlamlı ve üretken niyetlerimizin olması her zaman zihni ve ruhu dinç tutar.
- **Kutlama/Anma:** Yaratılışımızı, hayatı anlamlandırma yolculuğumuzu, bize verilenleri olduğu gibi kabul etmek

ve şükretmek ihtiyaçtır. Ve kaybettiklerimizin, gidenlerin, geçmişte yaşadıklarımızın yasını tutmak, anmak da ihtiyaçtır.

- **Bütünlük:** Anlamlı bir hayat ve bu minvalde üretkenlik mutluluğu da beraberinde getirir. "Bu hayatı niçin yaşıyorum? Bu dünyadaki varoluş amacım ne? Bu sorulara cevap bulmak gerekir. Kendine ve Hakk'ın bize sundukların değer vermek önemli bir ihtiyaçtır.
- **Karşılıklı Bağlılık ve Dayanışma:** Kabul görmek, şefkat, yakınlık, saygı, destek, güvenmek/güvenilmek, takdir etme-edilme, iş birliği, iletişim, netlik, denge... Hangimiz kabul görmediğimizde iyi hissederiz? Şefkate ihtiyaç duyduğumuzda kendimize de şefkat bulmak en temel ihtiyacımız değil mi? Güven bağlarımızı güçlendirir, güvenememek kaosun içinde kalmak gibidir. İnsanın en derin özlemi ise takdir edilmektir.
- **Manevi Birlik/İçsel Bağlılık:** Uyum/denge, ilham, düzen, barış, iç huzur, büyüme/gelişme, şifa... Tüm çabalarımızda tutarlı olmak, kalple hayata bakmak, kainatta var olan her güzellikten ibret ve ilham almak iç huzur dediğimiz mutluluğun da çok ötesindeki duyguları ve şifayı beraberinde getirir
- **Fiziksel İhtiyaçlar:** Hava, besin, su, hareket/egzersiz, dinlenme, temas... Fiziksel sağlığımızı sürdürebilmek Maslow'un da öncelikli ihtiyaçları arasındaydı. Yaşam değerini ve kalitesini artıran ve sürdürülmesini sağlayan öncelikli ihtiyacımızdır.
- **Oyun:** Şakalaşmak, mizahtır. Oyun kendimizden ve çocuklarımızdan esirgemememiz gereken önemli bir ihtiyaçtır. Kahkaha duygusal bir tepki ve sözlü olmayan bir ifade biçimi. 6-8 haftalıkken kahkaha atmaya başlarız ve aslında güçlü bağlarımızı kahkaha aracılığı ile kuvvetlendiririz. Ve bu bağlar bazı duyguların sağaltımı mizah ile

güçlendirilir. Oyun oynayarak sosyal ve duygusal deneyimler yaşayan çocuk aynı zamanda üretkenlik kapasitesini de artırır. Oyun aracılığıyla hislerini anlar ve olayları nasıl algıladığını rahatça gözlemleriz. Kısacası fiziksel, zihinsel, duygusal, dil ve sosyal gelişiminin temeli oyunda atılır. Gerçek hayatın parçası ve çocuk için en etkin öğrenme sürecidir. Üstelik sadece çocuğun değil yetişkinler için de aynı duygu regülasyonu gerçekleşir.

Bu liste duygu ve ihtiyaçları tanımlama aşamasında oldukça kıymetlidir. "Bu duygu şu anda bana hangi ihtiyacımdan haber vermek için burada?" sorusunun cevabını ihtiyaçlar listesinden bulabilir ve bu kendini bilme kıymetinden nasiplenebiliriz. Böylece ihtiyaçlarının farkında olan bir birey olarak onları bastırmanın bedelini de ödememiş oluruz.

İhtiyaçlarına değer veren, seslendirmekten çekinmeyen herkesin duyguları da dönüşür. İlişkilerindeki iletişim problemleri de ortadan kalkar. Başkasının ihtiyaçlarını anlamak niyetinde olduğunuzda daha "empatik" ve "anlayışlı ilişkiler" yaşayabilirsiniz. Daha derin bağlar kurabilir ve zenginleşirsiniz. Ebeveyn olarak çocuğunuzun ihtiyaçlarını fark etmenizin çocuğunuza en önemli katkısı; yaşamla, kendisiyle ve çevresindeki herkesle daha derin bağlar kuran, acziyetinin farkında, ihtiyaçlarının bilincinde, daha zengin bakış açısıyla bakan bireyler olmalarıdır.

Rica

Doğru gözlem yapan, duygularının ve ihtiyaçlarının farkında olan kişinin son aşamada bunları doğru bir üslupla diğerinden talep etmesidir. Zorlandığımız noktalardan birisi de talep etmektir. Kişi kendisini anlasa bile talep etmek, öğrenmiş olduğu kalıpları aşmak adına en zorlayıcı kısımdır.

Ezberlerini bozmakta zorlanır insan. Dilini düzeltmekte de. "Hayır" cevabını duymaktan, yanlış anlaşılmaktan, anlaşılmamaktan korkar. O kadar başkasından gelebilme ihtimali olan tepkilere odaklanır ki seslendiremezse kendisindeki görünmezlik haline körleşir.

En önemli nokta talepte bulunurken karşımızdaki kişinin bize "hayır" deme özgürlüğünün olduğunu kabul etmektir. Bizi istediğimiz gibi anlayamama ihtimali ve hayır deme özgürlüğü her zaman vardır. Burada önemli olan doğru üslubu kullanarak kendi ihtiyacını rica edebilmeyi kendinden duymaktır. Sonuç çoğunlukla olumlu sonuçlanır. Çocuklar da davranışlarının (gözlem aracılığıyla) doğru anlamlandırıldığını, duygularının anlaşıldığını ve ihtiyaçlarının karşılanması için çaba sarf edildiğini görür. Ve son talep aşamasına kadar durumu genel çerçevesiyle kabul etmiş ve anlamış olurlar. Bu aşamalar ifade edildikten sonra şöyle bir üslup seçilmelidir:

"Onun için lütfen/rica etsem söyler misin: Bunu (rica ettiğiniz iş) yapmaya hazır mısın?" şeklinde ifade edilebilir.

Zorunlu bir ifade kullanılmaması, olumlu bir yaklaşım çizilmesi oldukça önemlidir. Kolay değil insanın bilmediği bir iletişim dilini kullanmaya başlaması. Ama Gandhi'nin dediği gibi:

"Dünyada görmeyi istediğimiz değişimin kendisi olalım."

Kalbimizdekilere Ördüğümüz Duvarlar

İletişim kurmanın yollarından bahsettikten sonra aslında bilgi edinmek ile o bilgiyi deneyimlemek arasındaki farkı, genel olarak kullandığımız ve doğru olmayan üslubu dikkat kesilince anlıyoruz.

Mesela samimiyetle kendinize cevap vermenizi öneririm. Ebeveyn olarak şu cümlelerin size söylendiğini düşündüğünüzde ne hissedersiniz?

> "Geldiğimde o tabaktaki bitmezse fena olacak!"
>
> "Şu evin haline bak, her yeri mahvetmişsin."
>
> "Şu kılığa bak, palyaço gibisin."
>
> "Ne var bunda üzülecek, bebek gibi ağlıyor bir de. Git! Elini yüzünü yıka, açılırsın."
>
> "Hemen o ödevlerini bitireceksin, karışmam, bıktım senin derslerinden, dertlerinden!"

Abartı gibi bile gelmiş olabilir ama kapalı kapılar ardında inanın bunlardan daha az incitici cümleler kullanılmıyor çocuklara. Aslında birçoğumuz kendi çocukluğumuza gittiğinde ve hâlâ yakamızı bırakmayan bu cümleleri söylediğimizi işittiğimizde rahatsız oluyoruz. Sadece ne kadar rahatsız olduğumuza odaklanmadığımız ve bir alışkanlık gereği refleksle kullanmayı tercih ettiğimiz için kısır döngüde iletişimsizlik devam ediyor. Yoksa daha çok anlamak ve anlaşılmak isteyen hiçbir ebeveyn, iletişim dili kendisine engel olsun istemez. Bu engelleri fark etmek ise engelleri kaldırmanın en önemli aşamasıdır.

Yargılamak, Eleştirmek

Çocukların benlik gelişimi en çok yargılardan, haksız ve acımasız eleştirilerden darbe alır. Ve sıklıkla kullanılan bu cümleler aslında yetişkin olarak biz duyduğumuzda bizi de rahatsız eder.

"Sen ne biçim çocuksun."

"Çok düşüncesizsin."

"Bir şeyi de becer be yavrum."

Çocuk bunlara benzer cümleler karşısında ya yetersizlik duygusu hisseder yahut güven problemi yaşar. Anne babası alkışlamayan, onların gözlerindeki onay ihtiyacını alamayan çocuk bu onay arayışı ihtiyacında büyür. Yetişkin olduğunda herkes alkışlasa bile döner anne babasının onaylayıp onaylamadığına bakar. Ve bu takdir arayışı fark edene kadar hiç bitmez. Çocukluk döneminde ise "Annem babam zaten ne yapsam eleştiriyor, beni hiç anlamıyor," diye düşünerek ebeveyniyle arasına duvarlar örer. Kimi zaman da, özellikle ergenlik döneminde karşılık verir. "Sanki sen öyle değilsin, kendine bak," der çocuk. Sık sık yargılanan çocuklar sevilmediklerini de düşünürler. Böyle düşünen herkes dünyaya bu duygularla bakar.

Tehdit Etmek, Emir Vermek

Hangi yaşta olursa olsun hiçbir insanın var olan davranışını uzun vadede yok etmek için etkili ve doğru bir yöntem değildir. İstemediğimiz davranıştan bu yöntemle kurtulamadığınız gibi (uzun vadede) başka öfke kaynaklı olumsuz duygulara da sebep olur.

"Eğer yatağa gitmezsen bak nasıl dayak yiyeceksin!"

"O yemeği yemezsen başına gelecekleri tahmin bile edemezsin!"

"Hele bi yapma ödevini, bak bakalım bir daha o tableti alabilecek misin eline!"

Yukarıdaki cümlelerle karşılaşan çocuk için iki seçenek vardır: Ya öfkelenir ama anlık olarak korkar, siner ve kısa vadede çözüm gibi durur. Veya çocuk gene öfkelenir ve inadına yapar, tehdit ettiğiniz sonuçları görmek ister. Davranışın yanlışlığıyla ilgili bir şey öğrenemez. Kendisine saygı duyulmadığını düşünür ve kendine de başkalarına da saygı duymaz.

Ahlak Dersi Vermek

Söz insanı diriltir lakin tesir ederse. Kadim geleneğimizde nasihat etmek kalbe şifa verir. Bununla birlikte cümlelerin tesiri için dozu, zamanı, yaşa uygunluğu ve asrın zihnine uygunluğu önemlidir. Bu minvalde kastettiğim aslında çocuğa nasihat etmeyelim değil. Bunun dozunu ayarlayalım ve şeklini değiştirelim. Hz. Ali'nin (r.a.) "Çocuklarınızı kendi zamanlarının şartlarına göre yetiştirin," ifadesi oldukça önemlidir. Sorgulayan, sebepleri kavramaya çalışan pırıl pırıl zihinler karşısında sürekli nasihatvari edayla konuşmak, her olayda ahlak dersi vermeye çalışmak sözün tesirini azaltır.

Sözlerin tesir edebilmesi için az, öz, yaşının gelişim özelliğine uygun ifade edilmesi gerekir. Bugünün çocukları (Z kuşağı) çok iyi biliyoruz ki sorgulamayı ve bir konunun nedenlerle izah edilmesini seviyor. Bu nedenle ölçülü bir şekilde izahın yapılması oldukça önemli. Çocuğa sorduğunuz sorularla doğruyu bulmasında, kendisinin cevaplamasında yol gösterici olmak gerekir.

Özellikle yanlış yaptığı zaman çocuk akıl vermeye çalışmak anlaşılmadığını hissedeceği için sizinle arasına duvarlar örmesine neden olur. Sözlerinizin de tesirini azaltır. Çocukta direnç oluşturur ve isyana sebep olur. "-meli -malı" ifadelerine karşı direnç gösterirler.

- Arkadaşınla o şekilde konuşamazsın. Ona kötü hissettirdin. Özür dilemelisin.
- Birisiyle konuşurken araya girmemelisin.
- Büyüklerine karşı her zaman saygılı davranmalısın.
- Kardeşine böyle davranmamalısın.

Bu ifadeler yerine şunlar tercih edilebilir: "Böyle davrandığında ne hissettin? Demek üzüldün, seni çok iyi anlıyorum. Peki sen böyle davrandığında ona ne anlatmak istedin? Sence anlatmak istediğin şeyi anladı mı? Sence o ne hissetti bu yaklaşımın karşısında? Ne dersin bunu başka şekilde ifade edebilir miyiz, düşünelim mi?"

Çocukların gelişim dönemlerini ahlaki eğitim açısından değerlendirdiğimizde 0-6 yaş dönemi telkin; 7-10 yaş dönemi teşvik; 10-14 yaş dönemi ikaz; 14 yaş üzerinde ise müsamaha dönemi olarak isimlendirilebilir. Tüm bu dönemlerde iletişim dilimiz önce çocuğun duygusunu, düşüncesini anlamaya, sonra yaşına uygun bir üslup kullanarak ve dozunu ayarlayarak anlatmaya dikkat etmeliyiz.

Anlaşıldığını hisseden çocuk "anlamak" için gayret sarf eder.

Çocuk Yerine Çözüm Ortaya Koymak ve Çözmeye Çalışmak

Çocuğu hayata hazırlamanın en önemli dersi sorumluluklarını almasını öğretmektir. Problemlerini çözebilmesi, davranışlarının sonuçlarıyla yüzleşmesi çok kıymetli hayat deneyimleridir. Çocuk yerine çözdüğünüz her sorun sonucunda hem ona sorun çözme becerisi kazandıramazsınız hem de kendini güçsüz hissetmesine sebep olursunuz.

Örneğin ödevini yapmayan çocuğun ödeviyle ilgili izahatı öğretmene anne yapmamalıdır. Yemeğini yemeyen çocuk yemek saati dışında acıktım dediğinde kalkıp ona tekrar yemek hazırlanmamalıdır. Onun yerine yapmadığı görevin bedelini yapmamış olmakla karşılaşarak kendi çözmelidir. Bedel, cezadan çok farklıdır. Çocuğun seçimi sonucunda doğan bedel ödemesi önemlidir. Yemeğini yememeyi tercih ediyorsa ya sonrasında yemeğini kendi hazırlamalı ya da aç kalmalıdır. Bu bir bedeldir. "Yemek yemezsen çikolata da yiyemezsin," demek ise cezadır. Bu cezanın gerçekleştirmesini istediğimiz davranışı öğretici bir etkisi yoktur. Yerine telafi etmeye çalışmadığınızda, bedeli ödemesine izin verdiğinizde kendisi telafi etme yollarını keşfeder.

Davranışları Yorumlama

Çocuğun kendini ifade etmesine izin dahi vermeden davranışıyla ilgili yorum yapmak iletişimdeki en büyük haksızlıktır. Tedirgin edici, güven kırıcı olabilir ve çocuğun kendisini başarısız hissettirmesine sebeptir.

"Bu davranışı sırf ilgi çekmek için yapıyorsun."

"Hep aynısını yapıyorsun, kıskanıyorsun kardeşini."

"Beni kızdırmak için hep aynısını yapıyorsun."

Çocuk kendini korumasız ve çaresiz hisseder; kendisine inanılmadığı kanısına varabilir. Çocuk, yanlış anlaşılma endişesi ile iletişimi kesebilir. Çocuk kendini savunmasız hisseder veya utanabilir. Yahut ebeveynlerine öfke duyabilir. Bu da var olan iletişimi de kesmesine sebep olur.

Kıyaslamak

Herkes kendi mizacı, imkânı, imtihanı açısından biricik ve özeldir. Kâinatta uyumsuz, aykırı, düzen dışı ve öylesine tek bir zerre yoktur. Dolayısıyla çocuğumuzun hoşlandığımız ya da hoşlanmadığımız her özelliği ona has ve onu özel kılan hususiyetlerdir. Böyle değerlendirdiğimizde kişiliğini, davranışını bir başkasıyla kıyaslamak ne hissettiriyor size? Ebeveyn olarak çocuğunuz sizi bir başka baba veya anneyle kıyaslasa ne hissederdiniz? Aslında aynı kaotik durumu yaşıyor ve aynı duyguları hissediyor çocuk da. Yaşınıza göre de değişmiyor hissettirdikleri. Ayrıca bir davranış değişikliğine de vesile olmuyor. Aksine kıyasladığınız kişi kimse hem ona hem ebeveyne öfke artıyor.

> "Mehmet'le aranda sadece 4 ay fark var. Bir senin davranışlarına bak bir de onun!"
>
> "Şu küçücük kardeşin bile senden daha akıllı davranıyor."

Kıyaslanan çocuklar kendilerinin yeterince sevilmediğini düşünebilir, kendilerini değersiz hissedebilir, kendilerine olan güvenleri kaybolabilir. Bu nedenle çocuğunuzu bir başkasıyla kıyaslamak asla tercih etmememiz gereken bir iletişim engelidir.

Aranızdan iletişim engellerini kaldırmak; duygulara ve geçmişin sesinden yalıtılmış doğru seslere kulak verdiğinizde mümkün olur. Hem çocuğunuzu duymak hem çocukluğunuzu duymak için doğru iletişimi pratik etmeliyiz.

3. BÖLÜM

DÜN, BUGÜN, YARIN

"Geçmiş asla ölmüş değildir. Geçmiş geçmiş bile değildir."

William Faulkner

"Gökyüzü gibidir çocukluk, nereye gidersek gidelim bizimle gelir," diyor şair. Ana vatanımız, ilk sığınağımız ve çok kritik temel ihtiyaçlarımızı aldığımız ilk misafirhanedir çocukluğumuz. "Şimdi" ve "burada" yaşadığımız neredeyse her davranışın "o gün", "oraya" dayanan bir anlamı ve sebebi vardır. İnsan dünüyle bağlantısını ömrü boyunca kesemez. İstese de başaramaz. Okulunuz, öğretmeniniz, babanızla ilişkiniz, oynayamadığınız oyunlar, annenizin şefkati, ilgisi ya da ilgisizliği, göremedikleriniz, fazlaca gördükleriniz... Hepsinin bugününüzü belirleyen bir sürü anlamı var.

İçine doğduğunuz ailenin yaklaşımları, coğrafyanız, başınıza gelenler, genlerinizin, çevrenizin etkisi, yaşadığın travmalar, olumlu olumsuz yaşantıların bugün içinden çıkamayacağını düşündüğün durumların, davranışların kişilik örüntülerinin sebebi veya tetikleyicisidir.

Çocuk olduğunuzu düşlediğiniz anılarda en çok hangi duyguyu hissediyorsunuz? En net hatırladığınız anınız hangisi? Hepimiz bazen düşününce bazen düşünmeden ansızın, bazen küçük bir tetikleyiciyle geçmişe dair bir sürü anımızı hatırlarız. Ne kadar geride kalırsa kalsın. ihmal ve ihlal edilmiş bir dönem değilse ve masmaviyse her daim, en sıradan rutinlerini bile özlediğimiz, gülümseyerek ve hasretle hatırladığımız, nefes aldığımız, teselli bulduğumuz bir taraflarını anımsarız. Tam tersi şeyler yaşanmış ise de hayat boyu telafi edilmeye çalışılan bir eksiklik hissi saklıdır karşımıza çıkan. Hatırlayamamak da mümkün tabii lakin bu çocukluğumuzu unuttuğumuz anlamına gelmiyor. Bir yerlerde bastırılan, saklanılan tüm duygu ve davranışlar zamanı geldikçe ve uygun bir tetikleyiciyle karşılaştıkça zihnin arşivinden şak diye çıkar gün yüzüne. Bazen bir koku, bazen bir rüzgar esintisi, bazen stres anı, bazen travmatik bir durum geçmiş soframızı kurar önümüze. Bazen hatırlayabildiklerimiz bazen de hatırlamadığımız ama hissettiğimiz duyguları bilinçaltımız çıkarır karşımıza.

Mesela her çocuğun takdir ihtiyacı vardır fakat sürekli eleştirilerek, hiç takdir almayarak ya da onaylanmayarak büyüyen çocuğun yetersizlik ve değersizlik hissi olur. Onaylanmak ister, alkış ister. Yahut kendine karşı acımasızca yargılayıcı tutumlar içine girer. Kendini yargılayan ve yetersiz hisseden bir çocuk büyüdüğünde ve çocuğu olduğunda bu duygu ve davranışlarını ya yansıtarak yani ebeveynini taklit ederek yahut tam tersi davranışlarla çocuğuyla iletişim kurarak takdir ihtiyacını karşılar.

Koşullu sevgiyle büyüyen bir ebeveynde de yeterince sevilmeme korkusu vardır. Bu korkuyu bastırmaya çalışsa ya da görmezden gelse de ilişki kurduğu veya bağlandığı herkese karşı bu korkusu istemeden ortaya çıkar. Bu ebeveyn çocuğuyla anda kalmakta zorlanır, almak ve vermek üzerine bir ilişki biçimi öğrendiği için bunu tekrar edebilir. Yahut bu davranışının sebebini fark edip çocuğuyla anda kalarak ve koşulsuz yaşayarak sevgiyi koşullu almış olmanın acı verici ruh halinden kurtulabilir.

Ebeveyni tarafından terk edilen çocuk, hayatı boyunca o boşluğu kapatmaya çalışan bir yetişkin olarak bulur kendini. Bunlara benzer örnekler hepimizin hayatında vardır. İçimizdeki çocuğun büyük, küçük hasarları var. Yetişkin olarak içimizdeki çocuğun karşılanmamış ihtiyaçları üzerine yaşamı-

Hayatına eşlik ettiğiniz çocuk;
çocukluğunuzdaki yaraları
iyileştirmek, yeniden kalemi elinize
alıp bir hikâyeyi yazmak için ikramdır.

mızı kurduğumuzda bugünümüz enkaz birikimine dönüşür. Onun yerine uzman yardımıyla yahut ciddi bir farkındalıkla hayatın kargaşasında kaybolan küçük çocuğun sesini fark edip ihtiyaçlarına yeniden rehberlik yapmasıyla enkazları ortadan kaldırmak mümkündür.

Sevgiyle ve güvenle çocuğunu sarmalayan ebeveynler hayata sağlıklı bakan çocuklar yetiştirirler. Çoğu ebeveyn sakin, sessiz, onları sürekli meşgul etmeyen, kendi kendine vakit geçirebilen, fazla soru sormayan, itaatkar ve görevlerinin bilincinde çocuk ister. Bu çocuklar muhtemeldir ki programlı, düzenli, kendilerine uygun işlere giren, patronlarına saygı duyan, az konuşan, uyumlu, halinden memnun, fazlasını talep etmeyen insanlar olurlar ve hayatlarını bu minvalde yaşarlar. Görevli bir memur gibidirler.

Anneleri veya bakım verenleri tarafından bir türlü benimsenmeyen, sevilmeyen çocuklar vardır. Tırmanır dururlar, "Beni sev, beni gör buradayım, yalnızım!" diye bağırırlar fakat seslerini genelde duyuramazlar, sonrasında da öfkeli yetişkinlere dönüşürler. Herkes yabancıdır, korkutucudur. Kendilerini sürekli sevdirmeye çalıştıkları anneleri gibi görürler hayatı. Ağlayarak başladıkları yolculuk ağlayarak çoğunlukla devam eder. Bir de daha dünyaya geldiği andan itibaren haksızlığa uğrayan, adalet duyguları zedelenen çocuklar vardır. Özbakım ihtiyaçları karşılansa da duygusal ihtiyaçlarının kimse farkında değildir. Çok istedikleri ve ebeveynlerinden alamadıkları duygusal ihtiyaçları kovalayıp dururlar, ihtiyaçlarını gideremediklerinde de bazen öfke olarak dışarıya yansıtırlar. Evhamlıdırlar ve sürekli korku içindedirler. Yüksek sorumluluk duyguları nedeniyle işlerinde ve sorumluluklarında gayet başarılı olurlar lakin yakın ilişki kurmakta ve sürdürmekte zorlanırlar.

Bizim için kritik rolde olan insanlarla (anne, baba, akraba, kardeş, arkadaş vs.) kurulan geçmiş ilişkilerimiz kendimiz, insanlar ve dünya hakkında temel inançlar ve beklentiler geliştirmemize neden olmaktadır. Oluşan bu inançlar olumlu olabileceği gibi olumsuz da olabilir. Biz bunlara "şemalar" diyoruz.

Şemalar uyum bozucu nitelikte olduğunda duygu, davranış, düşünce ve bedensel tepkilerimiz üzerinde söz sahibi olur. Bir diğer tabirle olumsuz şemalar oluşturarak açılan yaralarınızı fark etmekle başlar insanın kendi keşif yolculuğu. Bu yolculukta asıl marifet bir suçlu arayıp hüküm giydirme meselesiyle sonuçlanmamasıdır. Onun yerine yaralanmanıza sebep olan ebeveyn tutumlarını veya olayları anlama çabası, önce fark edip sonra kabul edişle, şefkatle, onarılmalıdır. Bu kendi başımıza halledemeyeceğimiz büyüklükteyse muhakkak destek alınmalıdır. Çünkü bazen tek başına hatırlayış orada yaşamakla, orada kalmakla, çırpınıp çırpınıp daha çok batmakla da sonuçlanabilir. Bu durumu direğe bağlanan ata benzetebiliriz. At ipten kurtulmak için direğin etrafını dolanır durur lakin dolandıkça hareket edemez hale gelir. Kurtulayım derken işin içinden çıkamaz. Bu duruma düşmemek için profesyonel destek almak çok kıymetlidir. Terapi süreciyle uzman desteğiyle kişinin geçmişindeki olumsuz biliş ve duygulardan çıkarak zihninin ve ruhunun şifa bulması (çok kez kanıtlanmıştır ki) mümkündür.

Bilinçaltımızdan gelen, zihnimizin çoğunlukla ruhumuza fısıldadıklarını dikkate almak ve kalpten duymak gerekir. Ve bunların gerçekliğini zihinsel olarak bugüne ait olup olmadıklarını değerlendirmek gerekir. Elhasıl geçmişini anlamadan şu an yaşadıklarını anlamlandırman mümkün değildir. Adeta bir ağacın tohumu gibidir insanın çocukluğu. Sana dair hikâye hamilelik sürecinde duydukların ve hissettiklerinle başlar . Ve bu hikâyenin eşlik edicileri (eşin, çocukların, ailen) kendi hikâyeleriyle dokunurlar senin yüreğine. Bazen fazlaları bazen eksiklikleriyle yanı başındadırlar. Bunu keşfettikçe bugünkü tercihlerini nasıl belirlediğini insan daha iyi anlar.

Mizacınıza göre imtihanınız ve imtihanınıza göre imkanınızın olması tesadüf değildir. Bugün kim olduğunuz, rotanız, yönünüzü nereye çevirdiğiniz nereden geldiğinizle ilgili çokça fikir ve sır verir. Ve aslında kırıp dökülmeyen, hiç acı çekmeyen, yaralanmayan hiç kimse yoktur. Her insanın anılarına acıları da eşlik eder. Hepimizin içinde parçalanan bir şeyler vardır. Kırıklarımız, kırgınlıklarımız var. Acılarından, anılarından ders çıkarmak hayata karşı daha hazırlıklı, deneyimli olabilmemiz için fırsattır.

Hayatına eşlik ettiğiniz çocuk; çocukluğunuzdaki yaraları iyileştirmek, yeniden kalemi elinize alıp bir hikâyeyi yazmak için ikramdır. Bunu hissedebilmek için belki biraz kalbimize bakmak gerekir.

Çok basit sorularla ve biraz dikkatli farkındalıkla geçmişinizi analiz etmemiz mümkün:

- Çocuğunuzla çocukluğunuzu el ele tutuşturduğunuzu düşündüğünüzde neler hissediyorsunuz?
- Kaygılar, korkular, ihtiyaçlar, duygular, hiç büyümeyen taraflarınız ve hiç iyileşmeyecek sandığınız yaralarınız var mı?
- Büyürken hiç düşüşleriniz azaldı mı?
- Kanayan diz kapaklarının yerini kalbiniz aldı mı? Hâlâ kanamakta olan yaralarınızdan haberdar mısınız?

- Yaralarınızı sarmak için neler yapıyorsunuz? Yardım ister miydiniz, mesela şu an ister misiniz?
- Duygularınızı hissedin. Bedeniniz nasıl? Sıkışmış mı hissediyorsunuz yoksa rahatlamış mı? Nefesiniz nasıl, akıyor mu tıkanıyor mu?
- Değişmesini istediğiniz duygularınızı ve davranışlarınızı hayal edin, değişmeleri mümkün mü?

Geçmiştekileri yargılamanın, mesulleri suçlamanın kişiyi, birçok teoriye inat söylüyorum, kahredici bir tarafı var. Geri almak da değiştirmek de mümkün değil. Üstelik ebeveynlerimizin davranışlarının tek sorumlusu onlar da değiller. Onların da ebeveynleri giriyor devreye. Ve maalesef gittikçe geriye yol alıyoruz. Herkesin kendine göre birçok sebebi var. Sadece farkında olmak, kabul etmek ve sonra affetmek yola devam için sebeptir.

Biliyoruz ki seneler geçse ve büyüsek de hepimizin yaraları, ihtiyaçları, imkânları, duyguları var ve devam edecek. Bir yetişkin olarak kendi ebeveynlerimizle bazı ihtiyaçlarımızın karşılanmış ya da karşılanmamış olması durumunda biz hiç görmedik diye aşırı telafiye gitmek, biz böyle gördük diye aynı hataları tekrar etmek kadar tehlikeli. Her insan ayrı bir dünya ve herkesin mizacına göre imtihanı vardır. Şüphesiz inanıyoruz ki bu denklemde çocuğumuz da kendine has mizacıyla bize ikramdır. Bizimle buluşması tesadüf değil, anlamsız değil. Bu dünya yolculuğunda, bir yapbozun parçası gibi en uygunu, en doğrusu var olduğu haliyle yanımda olması ve bana eşlik etmesidir. Bazen fazlalıklarımızı törpülemek, bazen yaşamadıklarımızı beraber deneyimlemek için de mühim bir değerdir.

Kendi çocukluğunuza, anlamlandırışlarınıza bilişsel farkındalık egzersizi ile daha yakından bakmaya ne dersiniz?

FARKINDALIK ÇALIŞMASI

- Düşüncelerinize dair farkındalığınızı artırmak, duygularınızın da daha fazla farkında olmanızı sağlar. Sadece bir düşünce olayı gibidirler. Asla tamamen gerçekliğin kendisi değiller.
- Düşüncelerinizin gelip gittiğini fark edin. Tıpkı gökyüzünde hareket eden, gelip geçen bulutlar gibi. Hiçbir zaman aynı şekilde uzun süre zihninizde kalmazlar. Sadece bir düşünce olayıdırlar. Asla tamamen gerçekliğin kendisi değillerdir.
- Gideceklerini ve değişeceklerini bilerek ifade etmenize izin verin.
- Düşüncelerinizi not edin ve şu soruları kendinize sorun: Başka bir alternatif düşünce geliştirebilir miyim? Bir arkadaşım olsa ona bu konuyla ilgili ne söylerdim? Bu düşüncem, geçmiş deneyimlerimden, duygularımdan, beklentilerimden nasıl etkileniyor?
- Olumsuz düşüncelerinizin yoğun olduğunu fark ettiyseniz, bu düşünceleri bastırmak veya yok saymak yerine, merakla yaklaşın ve farkındalığınızı artırmak için aşağıdaki sorular üzerine düşünüp kendi cevaplarınızı ve alternatif düşünceleri not edin: Acaba düşünce ile gerçekliği ayırabiliyor muyum? Zihnimden geçenler tam olarak hangisine ait? Yaşadıklarıma zihnimde verdiğim renkler hangisi? Siyah beyaz arasında gidip geliyor muyum? Kendime dair düşüncelerimin temelinde hangi ihtiyaçlar var? Kendimle ilgili olumlu mu olumsuz mu yönlere odaklanıyorum? Kendime, düşüncelerime dair düşünürken

yargılayıcı ve suçlayıcı tarafım mı baskın, takdir eden destekleyen tarafım mı? Yatkın olan tarafımla ilgili düşünceler ilk ne zaman oluştu?

- Bu soruların cevapları bugünüme mi ait, dünüme mi?

Yaralarınızı Tedavi Etmek Niyetiyle Yapabilecekleriniz

- **Yaşadıklarını kabullen.** Kabul edebilmemiz için öncelikle anlamamız lazım. Ebeveyninizin eliyle yaşadıklarınız aslında sadece onun eliyle yaşadıklarınız değildir. Onun geçmişini, ebeveynleriyle ilişkisini, mecburiyetlerini, omzuna bırakılan yükleri düşünün. Mizacını, nasıl ayakta kaldığını, nelerle mücadele ettiğini. Onun hissettiklerini hayal edin. Onun hislerini düşünürken kendi bedeniniz nasıl, bedeninizin neresinde bu duyumları hissediyorsunuz? Bunları hayal ederken hislerinizi de gözden geçirin. Bunu düşünmek size kendinizi nasıl hissettiriyor? Şefkat mi, öfke mi, kızgınlık mı yoksa acıma hissi mi? Hangisi baskın? Yüksek sesle buna inanmasanız bile onu veya onları anlıyor olduğunuzu ifade edin. Ona dair duygu ve düşünceleriniz üzerine sıklıkla çalıştığınızda önce rahatça ifade etmeyi öğrenirsiniz, sonra kabullenmeye başladığınızı, sonra duygularınızı regüle ettiğinizi ve en sonunda da duygularınızı düzenleyip yüreğinizdeki yükleri azad ettiğinizi deneyimlersiniz. Kabulleniş birdenbire olmasa da bu konuda verilen gayret netice verir.
- **Acılarını gör, yaradan sızan şifaya ve şifayı veren Yaradan'a sığın.** Başımıza gelen her şeyin bir anlamı varsa acıların, sıkıntıların da vardır. Acılarındaki anlamı bu-

lan ve bu anlamı verenle bağını güçlendiren, tüm sıkıntılarının altından çok güçlü bir şekilde çıkar.

- **Yükünü bırak, zihnine ve kalbine hapsetme.** Başımıza gelen hadiselerin yük olan durumları ve duyguları sırtımızda taşımaya çalışmak ruhsal olarak kamburlaştırır. Onun yerine; tıpkı gemideki insanın yükünü gemiye bırakmasını beklediğimiz mantıkla yüklerimizi sırtımızda taşımamalıyız.
- **Yükünü paylaş, bunu kendinden esirgeme.** Başkalarından yardım istemek her zaman insanı güçlendirir. İnsan acizdir, tek başına atlatamaz. Problemlerini bazen güvendiğin, anlaşıldığını hissettiğin kişilerle ve her zaman da Hakk'la paylaşmak kendine yapacağın en büyük yardımdır.
- **Durumu olduğu gibi kabul et.** Ne yaparsak yapalım geçmişi değiştiremiyoruz. Kendi kendimize ettiklerimizi ve tercih ettiklerimizi bile geri dönerek değiştirmek mümkün değilken ebeveynlerimiz veya ailemizden birisinin davranışlarını değiştirmek de oldukça imkansızdır. O zaman başıma gelenlerin bana anlattığı hikmeti bulup olduğu gibi durumu kabul etmeliyim.
- **Duruma sebep olanları affet.** Sebep gibi görünen kişinin arkasında bazen o kadar ondan bağımsız duygular, olaylar, hikâyeler var ki... Bazen isteyerek yaptıklarını düşünsek bile istememiş de olabileceklerini anlamak, affetmek için büyük bir adımdır.
- **Kendine ve başkalarına kızma.** İnsan kendine çokça şefkat etmeli; sarmalı, sarmalamalı içindeki çocuğu. Bazen kendine şefkate takati olmayınca başkalarına şefkat ederek yola çıkmalı.

Bu senin hikâyen, farkındasın ve kalem artık senin elinde. Geçmişe bu farkındalıkla bakabilmek insanın geleceğini de şekillendirir. Çünkü geçmişini imar eden bugünün anlamını bulur ve bu anlamla geleceğini inşa eder. Hep geçmişte yaşamak yahut hep geleceği tasarlamak zihni ve ruhu bulandırır. Kişiyi, yorgun ve bezgin yetişkinler haline getirir ki bu da çocuğa olumlu yansımaz. Geçmişin yaralarını görüp tedavi etmek, geleceğe o anıların yüklerinden arınarak devam etmek gerekir. Geleceğe yol alırken de "anı" iliklerimize kadar hissetmek önemlidir.

Gelecek ile ilgili ama bugününe ait bazı endişelerinize de dikkat etmeniz gerekir. Yarın kaygısının, gelecek endişesinin sebep olduğu bazı durumlar var. Mesela çekiştirilen çocuklar; yoğun programlar arasına sıkışmış hafızalar; başarılı ama asık suratlı yetişkinler; daha donanımlı, daha bilgili, daha çok şeye sahip ama daha mutsuz, kaygılı, tedirgin, güvensiz yürekler.

Çocukluğunu yaşayamayan bir çocuk yetişkin olduğunda nasıl eşlik eder çocuğuna? Nasıl hatırlar çocukluğunu? Kaç test telafi eder, kaç diploma yardım eder yaralarını sarmasına? Bu zamanın ebeveyninin sıklıkla düştüğü yanlışlardandır bu durumlar. Bir yerlere yetişme, belki kendi yaralarını telafi etme, yahut belki de ahir zaman telaşının sarhoşluğu içinde yalpalama hali... Bunların hepsi ihtimaller arasında ama gerçeklik olarak ziyan edilen zamanlar, anlar, anılar var. Ve şuna eminiz ki onların geleceğini değiştirmenin, kendi geçmişimizi iyileştirmenin yolu bugünümüzü değiştirmekten geçiyor.

Bugüne baksak biraz? İçinizdeki kuytularda barındırdığınız, her gün sizi biraz daha sertleştiren, kabuğunuzu kalınlaştıran seslerden, sözlerden, sahnelerden ve hatta duygulardan arınarak ana odaklanabilseniz. Yanında taşıdığın seni paramparça eden her kareyi bıraksak geride? Fırsat bilsek de hayatı çözülecek bir problemler silsilesi olarak görmesek. Yaşadığımız, nefes aldığımız her kıymetli anın esrarında var olmanın güzelliğini hissetsek. Bu günümüze baksak. Her sabah olmasa da güneşin doğuşunu bir kerecik dahi olsun çocuklarınızla

Farkındalıkla alınan her nefes, yaşamın ritminde kalp atışı gibidir.

izlemek, denizde veya gölde taş sektirmek, gece gökyüzünde yıldızları seyretmek, sonunu sizin hayal ettiğiniz masallar okumak, yakaladığınız kelebekleri incitmeden sevmek, tohumlar ekmek için toprağa dokunmak ne kıymetli fırsatları barındırır. İki cihanı huzurla dolduracak her kareyi tefekkür gözlüğüyle incelesek de miras olarak bıraksak çocuklarımıza. Hayat böyle yaşandığında nasıl da kıymetlenir, tazelenir. Olumlu olumsuz her olay arkasında bir sır saklı olduğunu, yaşadıklarımızdan dolayı hissettiğimiz her duyguyu yaşayabilmenin özgürlüğünü, anda ve farkındalıkla yaşasak da üzülsek ve sinirlensek bile şükürle bilinçli bir şekilde neticelendirsek.

Ve çocuklar da tam olarak unuttuğumuz bu hakikatleri hatırlatırlar bizlere. Bozulmamış fıtratlarıyla "dur", "sakinleş", "benimle keşfet", "heyecanıma eşlik et" derler. Hal dilleriyle henüz bebekken bile "gelecekle ilgili kaygılarını, endişelerini, planlarını durdur ve bana bak, benimle ol, beni seyret" derler. Çocuğu büyümüş herkese sorsak aynı dertten muzdariplerdir: "Ne çabuk geçti zaman, nasıl kaçırdık o özel zamanlarını, ilklerini." Düşünsenize zamanı geri almak mümkün mü? İlklerini baştan yaşamak? 2 yaşında bir çocuğun annesi olabileceğiniz kaç gün, kaç gece var? Hayatınızın en büyük problemi gibi gördüğünüz çocuğunuzdaki kolit sorunu kaç yıl devam edebilir? Kaç gece uykunuz bölünerek geçirebilirsiniz? Kaç yıl geceleri çıplak ayaklarını şapırdatarak yanınıza sokulur? Parmak izleri kaç yıl aynada, camda size göz kırpar? Bunlara hayıflanıp kaygı düzeyinizi artırıp ona da bu duyguları geçirmek kalbe sığar mı? Onun hayatında ilk kez başardığı şeylere şahit olmanın heyecanını yaşamak varken geleceğinin endişesini yaşamak hem kendinize hem bebeğinize büyük haksızlık değil mi? Biz yetişkinlerin ruhsal rehberi olan çocukların peşlerine takılıp ruhumuzun teneffüs etmesine izin verdiğimizde anı da yaşamaya başlamışız demektir. Anı yaşamak hikmet gözlüğüyle hadiselere bakabilmek, sadece mevcut an içinde olanlara dikkat kesilmek ve fark ettiklerimizi yüreğimizde sevgi ve şefkatle karşılayabilmek. Farkındalıkla alınan her nefes, yaşamın ritminde kalp atışı gibidir. Ancak dikkat kesilenler çocuğunun ilk yağmur yağışındaki mutluluğunu, ilk çim kokusunu içine çekişini, gökkuşağına hayranlıkla dikkat kesilişini, kar tanelerini diliyle yakalamaya çalışmasını, nedenlerini, niçinlerini duyarlar.

Geçmişin acıtan sayfalarını onarıp defteri kapatarak ve geleceğin kaygısından sıyrılıp bugüne dikkat kesilerek yaşayacağımız her anı sevdiklerimize sıkı sıkı sarıldığımız anlar olarak saklamaya ne dersiniz?

FARKINDALIK ÇALIŞMASI

- Ebeveynleriniz kızgınlıklarını nasıl ifade ederlerdi? Siz o durumda kendinizi nasıl hissederdiniz?
- Ebeveynleriniz üzüntülerini nasıl ifade ederlerdi? Siz o durumda kendinizi nasıl hissederdiniz?
- Ebeveynleriniz çaresizliklerini nasıl ifade ederlerdi? Siz o durumda kendinizi nasıl hissederdiniz?
- Gözünüzü kapatın ve ebeveynlerinizi hayal edin. Anne babanız yahut bakım vereninizle aranızdaki bağı düşü-

nün. Aranızdaki bağa odaklanın; hikâyenize, yaşadıklarınıza, onlarla ilgili hikâyenize bakmadan sadece bağınıza odaklanın.

- Tüm kalbinizle ve içtenlikle onları karşılıyor musunuz yoksa dışarıda mı kalıyorlar?
- Onların sizi içtenlikle karşıladığını hissediyor musunuz?
- Onları düşündüğünüzde bedeniniz rahat mı, gergin mi?
- Yaşadıklarınızı, yanlışlarınızı, düştüğünüz ve yaralandığınız anları hayal edin.
- Kime sığındınız, sizi nasıl karşıladı, ne hissediyorsunuz?
- Değiştirme şansınız olsaydı hangi duyguyu, hangi durumu değiştirirdiniz?
- Şu anda bunun için neler yapabilirsiniz?

Çocukluğumla Yüzleşmek ve İyileşmek

Kendi çocukluğuna dokunamayan kişi çocuğuna da dokunamaz. Çocuğumuzun bize dokunduğu öyle anlar vardır ki çocukluğumuzla ilgili bize bir sürü fikir verir. Bu aslında biz yetişkinlerin iyileşmesi için büyük bir fırsattır. Sadece dikkat kesilmek gerekir.

Çocuğum yemek yemediğinde hangi ihtiyacımı karşılanmamış hissediyorum da bu kadar geriliyorum?

Beni dinlememesine neden bu kadar sert tepki veriyorum?

Etrafı kirletmesi beni niye bu kadar endişelendiriyor?

Hastalanacak diye niye bu kadar korkuyorum ve neden onu sürekli uyarıyorum?

Aşina olduğumuz bu halleri sorgulamaya başladığımızda çocukluğumuzun o uzun ve sırlarla dolu yolunda da yürümeye başlarız. Çocukluk insanın anavatanıdır. "Gökyüzü gibidir, hiçbir yere gitmez," diyor şair. Hepimizin yaraları, imkanları, imtihanları, ihtiyaçları ve duyguları farklıdır. Çocukluğunuzda yaşadığınız sorunlar, yok saydığınız, bastırdığınız anılar, kutuya kilitlediğinizi düşündüğünüz duygular zihinde git gide ağırlaşır ve taşınması zor hale gelir. "Ben anne babamdan hiç görmedim," diye görmediğimiz her şeyi fazlaca göstermek, "Ben böyle gördüm aynısını yapayım," diye olumsuz deneyimleri tekrar etmek kadar tehlikelidir. Şu anda çocuğunuzun üzerinde apaçık gördüğünüz sizinle ilgili olan duygu ve davranış sorunları şimdiyle mi ilgili yoksa geçmişle mi? Zorlandığınız durumların ve duyguların geçmişle bağlantısına bakmak şimdiye dair algınızı ve davranışınızı değiştirir. Canınızı acıtan, yara aldığınız her durum, davranış ve duygu ise iyileşmeye başlayacağınız yerdir aslında. "Yaralarımız, ışığın içeri sızdığı yerdir," demiş Hz. Mevlana.

Hepimiz yaşam yolculuğunda zor dönemlerden geçmişizdir. Hikâyelerimiz farklı da olsa hepimizin canı acıdı, üzüldük, istemediğimiz şeyler duyduk veya istemediğimiz olaylara şahit olduk.Kalbimiz yara bere içinde kaldı çoğu zaman. Belki de sırf bu yaralar oluşmasın diye çocuklarımızın düşmemesini istiyoruz. Haddimizi aşarak koruma ve kontrol etme stresine giriyoruz. Halbuki biliyoruz ki bu yara berelerin de bugünümüze gelmemize etkisi, yararı ve anlamı var.

Bir yazarın şu sözü çok hoşuma gider. "Geçmişi suçlamanın, anne babayı suçlamanın son kullanım tarihi vardır." Bugüne dair sorumluluk almak istemeyen kişi orada saplanır kalır. Silleyi yediğini düşünür, "zavallı ben" rolünü üstlenir ve o şekilde oynar bu rolü. Yahut ebeveynlerine öfke duyar ve bu öfke duygusunun yüküyle bu anı yaşamaya çalışır. Şundan emin olmalıyız ki her duygu, her imtihan, her acı, her duyguyu yaşamış olmanın göründüğü kadar görünmeyen bir sürü hikmeti de vardır. İnsanın tekamül yolculuğunda birer sebeptir hepsi. Annemizin, babamızın hatta belki hoşlanmadığımız davranışlarının bile... O halde şuna da eminiz ki her insanın ayrı bir mizacı ve ayrı bir imtihanları var ise her evlat ebeveynine, her ebeveyn de evladına özeldir. Geçmişi iyileştirmenin tek yolu geçmişin farkındalığıyla bugünü iyileştirmektir, duygusal yükleriyle değil.

Kendi yaralarını iyileştirip yola devam edenler, derin bir farkındalıkla büyütürler emanetleri. Düşünsenize bir bebek dünyaya geldiğinde emmeyi ve ağlamayı bilir yalnızca. O bebeğin iki önemli duygusu vardır; "Korku ve huzur" Korku duygusu ile ona tehlike oluşturan her şeye tepki verir. Tehlike varsa hep ağlar, yoksa huzur içindedir. Ona bakım veren kişi bebeğin ihtiyaçlarını fark eder ve cevap verirse "huzur" bebek için mümkündür. İhtiyaçları karşılanmaz ise o zaman da korku duygusuyla büyür. Çevremizde bazı insanları yaşadıkları tüm olumsuzluklara rağmen huzur içinde görürüz. Bazıları da hiçbir sorunu olmadığı halde içinde onunla sürüp giden bir huzursuzluk büyütür.

Bebekler kayıt cihazı gibi henüz anne karnındayken bile duyguları, davranışları, düşünceleri ve tepkileri kaydederler. "Çocuklarımızla konuşma şeklimiz, onların iç sesi haline gelir," der Peggy Q'mara.

Bir şey anlamadığını düşünüp yanında her şeyi konuştuğunuz, her duyguyu rahatça yaşadığınız bir bebek evdeki kamera gibi sizi kayda alır. Bakım veren kişinin sadece halini değil, duygularını da adeta sünger gibi emer. Ve bebek aldıklarına tepki verir. Tepkilerine göre karşılık veren huzurlu bir el yetişirse imdadına, hayata dair bakışı da o çerçevede oluşur. Hiçbir ihtiyacına karşılık verilmez ise bu defa korku ve kaygı dolu bir bakış açısıyla oluşan bir kişilik çekirdeği oluşturur. Çocukken aldığınız yaralar, karşılanmayan ihtiyaçlar size tanıdık olan, daha iyi bildiğiniz şeylerdir. Kişi kendini eğer iyileştirmezse ömür boyu o tanıdık olan duyguyu ona zarar verse bile arar. Çocuk da ona hissettirdikleriniz nasılsa onların peşinden gider, kendine zarar verse bile. Dolayısıyla asıl mesele; kendinizle ve çocuğunuzla kurduğunuz ilişkide saklı. İnsan yaşamının bütün rengini belirleyen şeydir bu ilişki. Hayatın keyfi, huzuru, mutluluğu bu ilişkidedir. Daha huzurlu bir dünya için, hepimiz çocuklarımıza dikkat kesilirsek onlardan çok şey öğreneceğiz.

Ebeveyn Rolleri

"Evren yaşam hikâyelerinden oluşur, atomlardan değil." Bu hikâyenin hem yazarı hem okuyucusu olarak hepimiz olanı olduğu gibi kabul edip hayattaki rollerimizle ilgili bugünümüzde bir dönüşüm yolculuğuna niyetlenmeliyiz. Çünkü kadim insanın görevi imar etmektir. Kişinin kendi hikâyesine ve etkileşimde olduğu herkese tesiri imar üzerine olmalıdır.

Doğduğumuz an başlar hayattaki rolümüz. Fakat bazen o "gerçek" rolümüzü bulana kadar düşer kalkarız. İlk ailemiz ve yakınlarımız tarafından aktarılan başka roller vardır ki bu roller adeta üzerimize yapışır. Bize ait olduğunu, bizim bir parçamız olduğunu sanırız. Bazıları gerçekten parçamızdır da bazılarının parçamız olmadığını bulmak bir hayli zaman alır. O rolü bulup oynayana kadar hepimizin farklı rolleri olur. Her birimiz evlat, birçoğumuz "anne" yahut "baba"yız. Mesleki roller, arkadaş rolü, çalışan rolü, eş rolü vb... Bu rollerin gelişmesinde etkili olan birçok faktör vardır. Öncelikle aile olmakla beraber çevresel, fiziksel, psikolojik koşullar bu rollerin gelişiminde etkilidir. Rollerimizin sorumluluklarını yerine getirirken her birimiz farklı duygular arasında gelip gideriz. Bu roller anne babalarımızla veya onların yerine geçmiş ve bize bakıp büyüten kişilerle olan ilişkilerimize göre belirlenir. Eğer bizler de anne baba olmuşsak, rol dağıtma sırası artık bize gelmiştir.

Ebeveyn olarak da cinsiyetimize göre rollerimiz farklılık gösterir. Çok iyi biliyoruz ki kadın ve erkeğin beyin yapısı, ruhsal ve psikolojik yönden birbirlerinden çok farklıdır. İki cins bir elmanın yarısı gibi birbirini tamamlar. Evde çocuklara yansıyan kısımda da kadının "anne" olarak, erkeğin ise "baba" olarak kendi cinsiyet özelliklerine has fıtri meyilleri ve vazifeleri vardır.

Anne şefkati, baba ise otoriteyi temsil eder. Kız çocuğu baba ile etkileşime girdiğinde güven ve emniyet hissini alarak iyileşirken erkek çocuk kararlılığı ve sabrı öğrenerek iyileşir. Elbetteki bahsettiğimiz bu duyguların cinsiyetlere göre ayrıştığı anlamına gelmez. Yani bir baba şefkat, anne de kararlılık gösterebilir. Kastettiğim şey; baskın özelliklerin cinsiyete has bir şekilde belirgin görülmesi gerektiğidir.

Baba çocuğun hayattaki duruşu, özgüveni, sabrı üzerinde önemli bir etkiye sahiptir. Babada baskın olan otoriter olma özelliğini "zor kullanma, asık suratlı gözükme, sert yapılı olma" şeklinde asla anlamamak gerekir. Gerçek otoriterler sevecen yanı ile kural koyucu yanını karıştırmadan dengeli hareket edebilenlerdir.

Anne ise şefkat ve denge unsurudur. Çocuklarına karşı beslediği sevgi ve şefkat sayesinde adilce çözemeyeceği aile içi problem yoktur. Böylece koruyucu bir kalkan olabilir ve ailede dengeyi sağlar. Annenin babalık yapması yahut babanın annelik yapması doğru değildir.

Baba kavramının değişmesine sebep olan ve çocuğun hayatındaki rolünü belirleyen elbette birçok etken vardır. Geniş aile yapısından çekirdek aile yapısına geçilmesi de bu etkenlerden biridir. Mesafeli ve sert eski baba anlayışından hızla uzaklaşmıştır yeni baba figürü. Modern dünyanın yansımalarından biri olarak diğer figür ise ev ve iş arasındaki yoğunluk ve mesafeden dolayı eve geç gelen babanın yokluğunu telafi etmeye çalışan anne figürüdür. Bu tarz ailelerin çocukları için baba uyuyunca eve gelen ya da gelse bile yorgunluktan çocuklarıyla ilgilenemeyen gölge varlıktır. Anne bu etkenler nedeniyle, olmadığı bir şeye dönüştüğü için stres, kaygı ve tükenmişlik hisleri yaşar. Baba ise az gördüğü çocuklarına karşı ya yokluğunu telafi etmek istercesine sınır ve kural tanımaz; eğlence ve oyunu temsil eder ve kritik konuların sorumluluğunu almayan bir figüre dönüşür. Bu senaryoda babanın varlığından bahsedemeyiz. Tüm sorumluluk "güçlü" kadının omuzlarına bırakılmıştır. Bu yüklenme ise ilişki içinde omuz ağrısına dönüşür.

Evini kendi özel alanı kabul eden, ev içerisinde hâkimiyet kuran, ev ile ilgili bütün sorumluluğu yüklenen kadınlar, ev adına yapılacak her şeyi kendi görevleri olarak görmektedirler. Bu, yorgunluk, öfke ve tükenmişlik duygusuyla görünmeye başlar. Çocukların ise rol model sürecinde puzzle parçalarının eksik olması ya da yanlış konumlanması nedeniyle tamamlanmamışlık ortaya çıkar. Babanın yokluğuyla beraber anne de yoğunsa veya çocuğun dünyasında duygusal olarak yoksa çocuk bakımından eğitime dek birçok husus üçüncü şahısların ve kurumların kontrolüne bırakılır. Sayısını bile bilmediğimiz kadar pek çok kurstan uygun olanını çocuğunuz için seçerek öğrenim sürecine katkı sağlamasını mümkün kılabilirsiniz. Hatta özel bir hoca tutarak çocuğunuzun bisiklete binmeyi ya da paten sürmeyi öğrenmesini sağlayabilirsiniz. Ama bir çocuğun bisiklete binmeyi babasından öğrenmesi kadar keyifli olmayacaktır. Çünkü öğrenme sürecinde sadece bisiklete binmeyi öğrenmez çocuk; güven duymayı, cesareti, dayanmayı ama yeri geldiğinde de bırakabilmeyi öğrenir. Çocukların hikâyeleri, ebeveynlerinin hikâyelerine eşlik ettikleri o yolun tam ortasından geçer. Günümüzde bir babanın temel görevi öncelikle çocuğuna gerçekten eşlik etmektir. Onun için tam anlamıyla orada olabilmesidir. Ve eşinin ve çocuğunun farkında olması, onlara yardım etmesi ve sınır ve kararlılığını muhafaza ederek güven vermesidir.

Eşlerin birbirleriyle kurduğu ilişki evin tüm havasını etkiler. Mesela yorgun argın eve gelen bir baba hayal edin. İçeriye giriyor ve kapıda onu güler yüzle karşılayan kimse yok. Selam veriyor ama kimseden ses çıkmıyor. Herkes kendi dünyasının dehlizinde kaybolmuş. Çocuklar odalarında, evin hanımı ya mutfakta ya dizi karşısında, ya da bir işle iştigal. İyi ihtimalle var olduğu yerden sesleniyor "Hoş geldin!" diye. Böyle bir başlangıç buluşamama vaktinin habercisi. Çünkü göz teması yok, paylaşım yok, samimiyet yok, özlem yok. Bunu hayal etmek bile eminim sizde iyi bir his bırakmamıştır? Düşünsenize, bu hal birçok evde bir şarkının nakaratı gibi tekrar tekrar yaşanıyor her akşam. Yahut tam tersini hayal edin. Eşini hasretle bekleyen ve hürmetle karşılayan sevgi dolu bir hanımefendi bomboş bakışlar, bomboş bir kalple karşılaşıyor kapının ardında. Görünmek istediği anlar görünmez, görünmez olmak istediği anlar görünür oluyor evde. Takdir ihtiyacının ve sevgi ihtiyacının karşılanmasını istediğinde görünmez olurken dinlenme ihtiyacı duyduğunda görünmez olmayı hayal ederken görünür oluveriyor birden. Patolojik bir durumu olmayan hiç kimse sanırım aynı çatının altında yaşadığı birine bu duyguları yaşatmak istemez.

Rollerin yerine getirilmesi ve eşlerin birbiriyle ve çocuklarıyla kurdukları ahenkli ilişkinin rengarenk olması, çocukların yaşam renklerini belirlemesinde etkili olacaktır. Bu nedenle herkesin sığınağı olan ailesine dönmesi, kalbinin ritmine kulak kesilmesi, ebeveyn rollerini doğru ve samimi bir şekilde oynayabilmeleri, yuvalarda muhabbetin tütmesi için çaba sarf edilmesi, suretlerde ve siretlerde büyüyen boşluğun giderilmesi, çocuklarımıza bırakabileceğimiz en önemli mirastır.

Ebeveyn Tutum ve Davranışları

Son yıllarda ebeveynlik üzerine oldukça fazla bilgi var ve inanın bu bilgilere ulaşmak tüm zamanlardan daha kolay. Fakat bu bilgi fazlalığına rağmen çoğumuz ebeveynlerimizin ebeveynliklerini tekrar ederken buluruz kendimizi. Yahut anne babalarımız bize ne fısıldarsa biz de hayata onları fısıldarız fark edene kadar. Anne babamızda en çok kızdığı davranışlar nelerse onları tekrarlarız; kimimiz de ebeveynlerimizin tutumlarının tam tersiyle yaklaşırız çocuğumuza. Yani bizim aile kurmakla ilgili gerçekliğimizi ebeveynlerimizin halleri şekillendirir. Aslında genel olarak dört farklı anne baba tutumu vardır. Ama bu tutumlara geçmeden önce iki farklı yaklaşımdan bahsetmek istiyorum.

Kendi anne babasının tutumlarını tekrarlamaktan kaçınan ve yeni bilgiler öğrenmeye açık olan kimseler de bu bilgilerden istifade etmeye çalışıyor. Fakat hepimiz çok iyi biliriz ki bilinmeyen şeyi sindirip uygulamaya çalışmak, ezberleri bozmak, yeni yöntemlere ayak uydurmaya çabalamak hiç de kolay değildir. Bu çabalamanın neticesi olarak bilgileri sentezlemeye çalışan insanların yaklaşımlarından bahsedelim.

Çocuk Merkezli Aile Ne Demek?

Bugünün anne babaları olarak en çok zorlandığımız nokta soruların hep bilmediğimiz ve daha önce çalışmadığımız yerlerden gelmesi. Arada kalmış bir kuşak olarak bir tarafımız geleneksel bir tarafımız modern hayata uyum sağlamak ve zamanın şartlarına yetişmeye çalışmak zorunda. Bu halin avantajları olduğu gibi dezavantajları da var. Birçoğumuz zamanında sahip olamadığımız ne varsa çocuklarımız sahip olsun diye çırpınıyoruz. Bu durum duygusal ve fiziksel ihtiyaçlar için de geçerli. Adeta bu şekilde davranan ebeveynler olarak çocukluğumu telafi ve yaralarımı tedavi etmeye çalışıyoruz. Neyi, ne kadar, ne zaman vereceğimi bilememenin neticesini ve sınır problemleri yaşayan çocuğa ebeveyn olmanın acziyetini hissederek yaşıyoruz.

Diğer boyutu da değişen aile düzeninde anne kadar babanın da çocuğun yetiştirilmesinde etkin rol almaya başladığını fark ediyoruz. Böylece kararların ailece alındığı daha demokratik bir aile yapısına doğru bir değişim yaşanıyor. Bunun neticesi olarak kendi çocukluğumuzdan farklı olarak çocukların aile düzeninde rolü daha belirgin olarak çıkıyor karşımıza. Çoğu anne-baba çocuğunu yetiştirirken onların kendilerine güvenen, başarılı, mutlu bireyler olabilmeleri için alışılagelmiş geleneksel yöntemlerin yerine daha farklı yetiştirme yöntemleri kullanıyor. Eğitimleri ve yetişmeleri için daha çok imkan sunarken aynı zamanda daha çok özgürlük ve rahatlık da sağlanıyor. Özgürlük ile sınırsızlık arasındaki ince çizgiyi tutturamamak, haddini ve sınırını muhafaza edemeyen kişiliklerin yetişmesine sebep oluyor. Halbuki çocuğun temel güven duygusunun sağlıklı bir şekilde gelişebilmesi için çocuğa belli kuralların koyulması gerekir. Alternatif sunmaya gösterilen özenin sınır çizmeye de gösterilmesi önemlidir.

Dünyanın Merkezinde Kim Var?

Çocuk merkezli ailelerde tüm dünya çocuğun merkezinde döner. Yemek saati, uyku saati, kurallar ve sınırlar dahil hemen hemen her şey çocuğa göre programlanır. Bütün hayat adeta onun etrafında döner. Eşler ve ihtiyaçları görünmez olur ve çocuk odaklı yaşadıkları için birbirleriyle kaliteli vakit geçirmeyi ihmal ederler. Çocuk sevdiyse yapılır, çocuk istiyorsa gidilir, istemezse tercih edilmez. Ama sonuç olarak her istediği yapılır. Çocuğa alternatifler sorulur ve o ne tercih ediyorsa ona riayet edilir. Sırf çocuklar mutlu olsun diye bazı programlar askıya alınabilir. "Annemlere gideceğiz ama çocuk istemiyor, dışarıya çıkalım ama şimdi uyudu, uyanınca bakalım vb..." Peki her istediği yapılan çocuğun istediği halde gerçekleşmeyen dilekleri için çözümü ne olur?

Aslında çocuk da şaşkındır bu duruma ama bunun hakkı olduğuna yaşı büyüdükçe inanır. Ve çocuğun mutlu olması için sarf edilen çaba, kocaman bir "mutsuzluk" olarak geri döner ebeveynlere. Çocukları için her şeyi yapan anne babalar bir türlü mutlu olamayan çocukların mutsuzluğuyla kaçtıkları şeyin kucağında çırpınırlar. Üstelik evin prensi yada prensesi olarak büyüyen çocuk toplumda böyle karşılanmadığı için sosyal ilişkilerinde de sorun yaşar. İlişkileri de birbirlerini yıllarca görmedikleri için sağlıklı değildir. Birbirlerinin ihtiyaç ve duygularından haberdar bile olamazlar. Ebeveynler ancak kendilerine bakma fırsatı bulmuşlardır ve bu yüzden kendi ihtiyaçlarını bile kestiremeden derin bir yorgunlukla baş etmeye çalışırlar. Elbette çocuğun fikirleri önemlidir, değerlidir; onun fikirlerini önemsemek ve sormak gerekir. Sadece yaşı ve gelişimine göre hareket edip kuralları bu gelişime esnetmek, tüm ailenin ve en çok da çocuğun gelecekteki ilişkilerinin sağlığı için elzemdir. Çocuklarla olan ilişkilerimizde anne baba olarak sınırların hissettirilmesi gerekir.

Kimin Sözü Geçer?

Çocuklar doğru bir benlik gelişimi tamamlamanın parçası olarak büyüdükçe değişen tutum ve davranışlara sahip olurlar. Bunun bir parçası olarak da bazen anne babayı zorlayan, kendi kararlarında kararlı ama dışarıdan bakıldığında inatçı görünen yanları olur. Ve bu durumu kontrol etmek gerçekten zorlayıcı ve yorucu olabilir. Özellikle kriz zamanlarında çocuğun sınırlarını görmesi, ebeveyniyle ilişki biçimindeki kontrolü bilmesi mühimdir. Böyle zamanlarda kırmadan ve incitmeden sınır çizebilmeyi başarmak, ebeveynliğin en çetin sınavıdır zannımca. Sevginin elbette sınırı olmamakla birlikte isteklerin bir sınırı olduğunu çocuğun öğrenmesi gerekir. Doğru bir sınır eğitiminin doğru duygular hissettirilerek verilmesi, sürecin sabırla ve şefkatle yönetilmesi önemlidir.

Her isteği yerine getirilen çocuk empati kurmayı, başkalarının duygu ve düşüncelerini önemsemeyi de öğrenemez.

Sorumluluk Bilinci Nasıl Gelişir?

Çocuk merkezli ailelerde ebeveynler genel olarak aşırı korumacı bir tavır takınırlar. Aşırı koruyucu ebeveyn, içgüdü ve reflekslerini kontrol etmekte zorlanır ve çocuğuna azami derecede dikkat eder. Hayatın kolaylaşması adına steril bir hayatı olan çocuk kendini korumakta ve daha önce gerçek duygularla karşılaşmadığı için bu duygularla karşılaştığında kontrol konusunda zorluk yaşar. Bu tutum çocuğun becerilerinin gelişmesine engel olur. Çocukların kendilerine güvenen ve duygularını kontrol edebilen bireyler olabilmeleri için gerçek hayatta pratik yapmaya ihtiyaçları vardır. Temel alışkanlıklar kritik dönemlerde kazanılmazsa bu becerilerin ilerleyen yıllarda kazanılması zorlaşır. Mesela; ödevleri uzun süre hatırlatılan ve hayatı kolaylaştırılan çocuklar akademik olarak kritik dönemlere geldiğinde sorumluklarını yerine getirmekte zorlanırlar. Yahut onların yerine keser, onların yerine toplar, onların yerine bir şeyler yaparak bugünlerini kolaylaştırabilirsiniz ama öğrenmelerini ve zorluğa sabretmelerini engellemiş olursunuz. Bu durum da gelecek dönemde daha farklı ve zor zamanlar yaşamalarına sebep olur.

Anne babasıyla olan ilişkisinde de çatışma ve disiplin anlamında zorluklar yaşamasına sebep olabilir. Çocuk büyüdükçe kendisinin alması gereken kararları almaktan kaçınır, sorumluluğu başkalarından bekler, işler ters gittiğinde ya da beklediği sonuçları alamadığında suçu başkalarına atar, çözümleyemez, kaçar ya da çatışmacı bir ilişki geliştirir.

Bir danışanımın şu ifadeleri tam olarak bu konuyla ilgili. Evliliğinde yaşadığı problemler nedeniyle görüştüğümüzde konunun öneminin altını şu ifadelerle çizmişti. Evin tek oğluydu

Çocuklarımızla arkadaş olmak ile onlara arkadaşça davranmak arasında büyük farklar vardır.

ve üstelik dört kızdan sonra teşrif etmişti dünyaya. Kendisi el bebek gül bebek büyütülmüş, tüm aile etrafında dönmüş, düşmesine bile izin verilmemiş, üzerine hiçbir sorumluluk almak zorunda hissetmemiş, hata yapsa bile hemen kapatılmış ve hiç bedel ödememişti. Bu ifadeleri belirttikten sonra şunu ekledi.

"Ben hayatım boyunca bedel ödemek nasıl bir şey bilmedim. Suyumu bile ablamlar evlenene kadar kendim doldurmadım. Herkes beni gözünden sakınırdı. Ne para harcamayı ne iş yapmayı ne de sorunları nasıl çözeceğimi öğretmediler. Evlenince ne yapacağımı şaşırdım. Parayı idare edemedim, eşimle sorunlarımızı bile çözemedim ve aslında sorun çözmeyi bile öğrenemediğimi fark ettim. Eşim gidince evden hiç yaşamadığım bir şeyi deneyimledim. Çünkü ben hiç kaybetmemiştim hiçbir şeyi. Çok çaresiz hissettim kendimi. Evin erkeği olmak nasıl bir şey, nasıl eş olunur hiç bilemedim. Kaç yaşına geldim hâlâ işyerinde sorun yaşadığımda ne yapacağımı bilemiyorum. Ya çok sert tepkiler veriyorum ya da sorunlardan kaçıyorum."

Hayatın içinden , Z kuşağı diye nitelendirdiğimiz kuşağın bir yetişkin olarak evliliğiyle ilgili yaşadığı sorunlar nedeniyle kendine dair ne de çok sancı çektiğinin ifadesi bu cümleler.

Çevremize biraz daha dikkatli bakarsak ne kadar çok benzer örnek olduğunu görmemiz işten bile değildir. Ebeveyn olarak çocuklara kendilerini korumayı öğretmek, sorumluluklarını yerine getirmelerini sağlamak, risk almaları ve sonucunda bedel ödemeleri için fırsat vermek, sorunlarını çözmeleri için bazen biraz geri çekilmek gerekir. Bu sınırlar ve sorumluluklar geleceklerine de olumlu etki edecektir.

Çocuğuyla Arkadaş Olan Ebeveynler

Otoriter ve mesafeli aile yaklaşımlarının aksine bugün daha çok demokratik ve samimi aile yapılarına sahibiz. Lakin geçmişin izdüşümlerinden kurtulmaya çalışırken, geçmişi tedavi veya telafi etmeye çabalarken tutumları dengeleyebiliyor muyuz? Maalesef çoğunlukla cevap hayır.

Anne babalarıyla yakın bir ilişkinin özlemini çekerek büyüyen ebeveynler kendi çocuklarıyla yakın ilişki kurmaya çalışıyor. Soğuk ve mesafeli bir ilişkiden kaçmak isteyen anne baba, çocuğuyla arkadaşlık ilişkisi kurmak istiyor. Geçmişteki mesafenin bazen telafisi veya tedavisi niyetiyle gösterdiğimiz yaklaşımlar bugün şekillenir. Günümüze yansıyan ilişki çözümlerinden birisi; çocuğu ile yakın iletişim kurmak isteyen anne babanın arkadaş olma çabasıyla karşımıza çıkar.

Duyduğu kaygılardan dolayı çocuklarıyla arkadaşça ilişki kurmaya çabalayan ebeveynler, çocuklarının kendileri ile her şeyi rahatça paylaşmalarını, baskı hissetmeden düşünce ve duygularını rahatça ifade edebilmelerini veya birlikte keyifli zaman geçirebilmeyi isterler. Arkadaş gibi olmaya çabalarken anne babalık rolü gölgede kalabilir. Çocuklarımızla arkadaş olmak ile onlara arkadaşça davranmak arasında büyük farklar vardır.

Sahi arkadaşlık nedir? Sorunlarınızı paylaştığınız, birbirinizin aynı biçimde alıcı ve verici olduğunuz eşit bir ilişki biçimi değil midir? Ebeveyn ve çocuk arasında böyle bir ilişki mümkün müdür? Anne babanın çocuğuna arkadaşça davranması nasıldır? Çocuğuna arkadaşça davranması, onunla oynaması, birlikte vakit geçirmesi, onun sorunlarını dinlemesi, ilgi alanlarıyla ilgilenmesi midir? Çocuğun ebeveynleriyle sağlıklı bir ilişki kurabilmesi için, elbette bunlar olmalıdır. Fakat ebeveynin çocuğuna karşı paylaşımları onun yaşına, gelişimine, düşünce düzeyine uygun olmalıdır. Bir anne baba, arkadaşıyla dertleşiyor gibi çocuğuna derdini anlatamaz, arkadaşıyla konuşur gibi çocuğuyla konuşamaz. Çocuğunun anlayabileceği kavramlar üzerinden gidebilir sadece, anlayamayacağı konuları izah edemez. Çünkü çocuklar bizden kendilerine ulaşan her sözü, hali ve hisleri, dünyayı ve burada olup bitenleri algılamak için kullanırlar. Çocuğun anlamasının güç olduğu konularda yetişkin arkadaş değil süzgeç olur. Anlamasının mümkün olmadığı konuların çocukla paylaşılması kaygıya, duygusal durumlara ve uygunsuz davranış problemlerine neden olur. Çocuklar hayatı, sorumlulukları ve temel güveni anne babalarından öğrenirler.

Hangimiz anne babamız tarafından anlaşılmak ve kabul görmek istemeyiz ki? Arkadaş olan değil, arkadaşça davranan ebeveynler koşulsuz olarak seven, olumlu davranışlarını takdir eden ve kendini gerçekleştirme ihtiyacında doğru sınırları çizerek çocuğuna eşlik eden ebeveynlerdir. Ve bu ebeveynlerle büyüyen çocuklar anlaşıldığını ve kabul gördüğünü hissederek büyürler.

Tutarlı Ebeveynler

Anne babalarımızdan aldığımız geri bildirimlerin ne kadar etkin olduğunun farkında mısınız? Birinin "evet" dediğine diğerinin "hayır" demesi, birinin onayladığını diğerinin onaylamaması yahut anne babanızın bir gün "evet" dediğine yarın "hayır" demesi ne düşündürürdü, ne hissettirirdi bize? Kararsızlık, güvensizlik, anlam verememe, üzüntü, öfke, hangisi daha yoğundu?

Hayırların kesin ve kararlı bir şekilde belli olduğu evlerde, çocuklar sınır problemi yaşamaz. Daha güvenli, daha tutarlı, daha kararlı adımlar atarlar. Bir kural izah edilirken ya da bir sınır çizilirken önce ebeveynlerin doğru karar verdiğinden emin olması ve içinde bulunduğu şartların koyduğu kuralları etkilemeyeceğini hesaplaması gerekir. Eve gelecek misafir, yer değişikliği, şartların farklılaşacak olması, kardeş doğumu gibi değişkenler düşünülmelidir. Tutarsız durumlara maruz kalan çocuklar doğruyu ve yanlışı ayırt etmede ve karar vermekte zorlanır. Nerede nasıl davranması gerektiğini bilemez, bocalar. Tutarsız anne baba söylemleri veya eylemleri çocuğun hem ebeveynine karşı güvenini sarsar hem de ebeveyn yetkinliğine gölge düşürür. Örneğin annenin "O çikolatayı yiyemezsin," ifadesi ertesi gün "Aslında yiyebilirsin,"e evrilirse çocuk annesinin ruh haline göre hareket eder, onun "hayır" ifadesinin gerçekten "hayır" olup olmadığını bilemez. Ve "evet"e dönüşmesi için ilişkiyi yıpratacak seviyede ısrarcı olabilir.

Çocuk kararlı ve cesurca hareket ederken "Dikkat et, düşeceksin.", "Koşma, terleyeceksin, hasta olacaksın," diye bağırırsak yahut "Yabancılarla konuşma!" derken sonra da "Haydi öptür bakayım kendini teyzeye," dersek çocuk ne hisseder sizce? Çocuğun bu tutarsız ifadeler karşısında neler yaşayabileceğini, hissedebileceğini düşünsenize.

Burada tutarlı söylemler ve şefkatli bir şekilde çizilmiş sınır, çocuğun ebeveynine güven duyması için olmazsa olmazdır. Çocuk elbette bazen sınırları test eder. İnsanın haddini aşmaya nefsi bir meyli vardır ve çocuk da bunu dener. Burada önemli olan çabuk pes etmemektir. Anne baba şefkatli bir tutarlılık içinde olmalıdır. Ve kararlılığını da korursa çocuk hem nedeni anlar hem de durması gerektiğini.

Çocuk dünyaya geldiği ilk günden itibaren ebeveynlerinden aldığı geri bildirimlerle kişilik oluşumlarını tamamlar. Olumlu geribildirim alan, desteklendiğini hisseden çocuk başarılı ve yeterli bir birey olduğuna inanarak büyür. Sıkça eleştirilen çocuk ise yetersizlik duygusuyla beslenir. Sürekli övülen, kibirle beslenir. Ve ikisinin sonucunda çocuk farklı davranışlar öğrenir. Şüphesiz tüm anne babalar çocuklarının özgüven sahibi bir birey olmasını isterler. Bu öyle bir özgüvendir ki acziyetinin farkında ama çabalamaktan vazgeçmeyen ve Hakk'ın nasip ettiğine rıza gösterebilen bir özgüven. Bunun için davranışa odaklanmak, takdiri esirgememek ve aynı zamanda mübalağa da yapmamak, söylemlerimizde aynı motivasyon ve duygu durumunu hissettirmek gerekir.

Baskı ve Otorite Kime İyi Gelir ki?

Baumrind tarafından tanımlanan üç ana stilden biri, otoriter tutumdur. Çocuğunu idealize ederek projeye benzetme çabasından ötürü katı, baskıcı, mükemmeliyetçi ve hoşgörüsüz ebeveynle büyüseniz kendinizi mutlu hisseder miydiniz? Bu ebeveyn nasıldır? İlişkilerinde aşırı kontrolcü ve daha mesafelidir. Çocuktan yaşının üstünde olgunluk beklerler. Çocuğun gelişimi, ilgisi, potansiyeli dikkate alınmadan uygun gördükleri şekilde davranmasını isterler. Çocuğun her hareketi incelenir ve fazlaca eleştirilir. Bu nedenle çocuğun ilkokuldaki duygu durumuna kaygı ve endişe hâkimdir. Büyüdükçe kaygının yerini öfke alır, kimi nasıl idare edeceğini öğrenir ve o şekilde iletişim kurmaya başlar. Kurallar katı, itaat ise önemlidir. İstenilen davranışlar yerine gelmediğinde çocuk cezalandırılır.

Böyle sıralayınca uzak geliyor ama davranışlarımıza yakından baktığımızda aslında çok da uzakta olmadığını fark ediyoruz. En çok size itaatsizlik ettiğinde sinirleniyorsanız, sözünü dinlemediğinde küplere biniyorsanız, itiraz etmeden ne deseniz yapsın istiyorsanız ve hata yaptığında kabınıza sığmıyorsanız bu alanla ilgili sıkıntı yaşıyor olabilirsiniz.

Ebeveynler sürekli hata düzeltmeye, kusur gidermeye ve çocuğun her hareketini en ince detayına kadar düzeltmeye çalışmaktan yorulmuş, gergin, stresli ve aşırı uyarılmış bir ruh halinde olur. Dolayısıyla otoriter ebeveynlerle büyüyen çocuklar itaatkar ve sessiz bir öfkeyi barındırabilir ve beraberinde çekingen görünebilir. Yahut aksine her sınırı aşma ve isyan modunda da olabilir. Daha bağımlı ve zayıf ilişkilere sahip olurlar. Tedirginlik, stres, kaygı ve kararsızlık yoğun şekilde görülür. Kolay etki altında kalan, onay beklentisi yüksek birine de dönüşebilir.

Şimdi soralım kendimize; hangimiz çocuğumuzun böyle bir cenderede çırpınmasını isteriz?

İlgisizliğin Doğurduğu İç Acısı

Çocuklara yansıttığımız duygular onların hayatının ifadesidir. Annesinin ilk karşılaştığında ona nasıl sarıldığını, hatta henüz dünyaya gelmeden hangi hislerle taşındığını bile hisseder. Gerçekten var olan sevgisini çocuğuna işleyebilme kapasitesi de madalyonun diğer yüzüdür.

Annenin duygularını gözlerindeki ışıltıdan hisseder çocuk. "Sadece sen olduğun için iyi ki varsın, iyi ki bana emanet edilmişsin," duygusu çocuğu istek ve arzuyla sahiplendiğinin yansımasıdır. Çocuğun burada en derinden hissettiği şey çok önemlidir; değerlilik hissi, hayat boyu en sağlam kalesi olacaktır.

Tam tersini düşünelim; yoğun bir şekilde çalıştığını söyleyen, çocuğuyla bir kere göz göze gelmemiş, özel bir ana eşlik etmemiş, problemleri işitmemek için elinden geleni yapmış ebeveynler ise ilgisizlerdir. Çocuğa değersizlik ve sevgisizlik duygularını hissettirirler.

Tüm sorumluluğu diğer ebeveyne bırakmış yahut anneanne veya babaanneye devretmiş ebeveynlerdir. Çocuğun görünmez olduğu evler, sağlıklı bağ kurulamamış bir ruh hali, ebeveyn gibi hissetmeyen ve davranmayan yetişkin halidir. "Çocuğu seversen, öpersen çok şımarır, saymaz seni. Babam da bana böyle davranırdı, bak bana, neyim var? Gayet sağlıklıyım," gibi geleneksel cümleler ilgisiz tutumlarını yansıtırlar. Bazen de bu durum aşırı yorgunluk ve yoğun iş hayatının olumsuz yansımasıdır. Yorgun argın eve dönen baba ya da

Olumlu geribildirim alan, desteklendiğini hisseden çocuk başarılı ve yeterli bir birey olduğuna inanarak büyür.

anne için çocuk şayet bir yük gibi geliyorsa yok sayılır çoğu zaman. "Çocuğu sakın ağlatma, zaten yorgun argın geldim. Bir de çocuk zırıltısı dinleyemem," gibi ifadeleri işitmek bu durumlarda hayal değildir. Ev ve çocukla ilgili hiçbir sorun duymak istemezler. "Çocuk sorun çıkarmasın, rahatsızlık vermesin yeter" diye düşünürse ebeveyn, bu çocuk görünmezdir.

Bu tutuma maruz kalan çocuğun maalesef "olumlu benlik algısı" gelişmez. Değersizlik ve ihmal edilmişlik duygusu yapışır yakasına. Anne babanın ilgisini çekmek için çırpınır durur. Başaramazsa olumsuz davranışlara meyleder ve o şekilde dikkat çekmeye çalışır. Öfkeyle büyür; aileden kopmaya ve suça meyillidir. Büyürken belli gelişim dönemlerini kolaylıkla atlatamazsa aileden kopar çoğu zaman.

Böyle büyüyenler iyi bilirler; ilgisizliğin iç acısı insanı ölene dek kovaladığı bir duygu durumuna ve arayışa sürükler.

Korumak Sahiden Mümkün mü?

İlgisizliğin tersine aşırı ilgiyle beraber gelişen başka bir tutum var: En ufak yaralanmaların, düşmelerin, hastalanmaların bile önüne geçmeye çalışan, engellemeye çalışan anne baba profili. Sahiden bu ebeveynler çocuklarına iyilik mi yapar? Onu gerçekten alacağı tüm darbelerden tamamıyla korumak mümkün müdür? Hayatını kontrol edebilecek kadar güç sahibi miyiz? Velev ki öyle olduğunuzu düşünüyorsanız onu korumak her şeyden mümkün müdür?

Aşırı koruyucu ebeveynlik iyi niyet barındırdığından neticeleri veya doğruluğu çok tartışılmaz. Ebeveynin niyeti iyi olduğu için kararlarını, hareketlerini yanlış bulmama ihtimali çok yüksektir. Fakat o anda iyi niyetli yaklaşımlar barındırsa da gelecekteki sonuçlarına bakınca çok da olumlu neticeleri olmadığını görebiliriz.

Çocuğu için zorluklardan, sorumluluklardan arınmış, steril bir hayat hayal edenler bunun gerçekten çocuğuna iyi geleceğini düşünüyorlar mı? Her insan çocukluk döneminden başlayarak bazen yaralanabilir, arkadaşıyla tartışabilir, zarar görebilir, hastalanabilir, salıncaktan düşebilir, duvara çarpabilir, yanlış tercihlerde bulunabilir, şaşırabilir... Şu kesindir ki başına gelen bu küçük kazalar veya aldığı yaralar, incinmeler çocuğun farkındalık kazanması için vesiledir. Ve onlar sayesinde geleceğe hazırlanır ve ruhunda daha büyük yaraların açılmasını engeller. Kendini korumayı, yardım etmeyi, yarasını sarmayı, sabretmeyi, pes etmemeyi, acıya dayanabilmeyi bu deneyimlerle öğrenir. Çocukların dayanıklılık becerileri ancak böyle gelişir.

Aşırı koruyucu ebeveyn çocuğa öğrenmesi için fırsat vermez. Çocuk eskaza bir gün fırsat bulursa kendini korumayı öğrenemediğinden daha büyük zarara uğrayabilir. Bir danışanım çocuğu henüz bebeklik dönemindeyken yutkunmakta zorlandı diye 5 yaşına kadar çocuğuna çiğneyebileceği bir şey yedirmemiş ve, mamayla beslenmişti. Görüşmelerimizden sonra katı gıda yemeye başlayan çocuk için çiğnemeyi öğrenmek inanın çok zor ve riskli oldu. Hiç düşmesin diye 6 yaşına kadar bisiklete bindirilmemiş, koşmasına izin verilmemiş ve bu nedenle bunları öğrenememiş çocuklara da şahitlik etmişliğimiz var. Allah her insana biyolojik bir gelişim ritmi veriyor. Ve aslında her çocuk eğer kendisine izin verilir ve engellenmezse bu ritme uyum sağlayarak hayata adapte oluyor. Artık dişlerinin çıkmaya başladığı dönemde katı gıdaya geçmeye meyilli oluyor. Yerlerde sürünmenin vücuduna ağır geldiği dönemde yürümeye teşebbüs ediyor. Dengede durabilmeyi öğrendiği dönemde bisiklet sürmek istiyor. Çocuğun normal gelişim seyri devam ederse fırsat verildiği için bunları sağlıklı bir şekilde öğreniyor.

Yaşlarına uygun zorluklarla karşılaşmaları ve onları tek başlarına aşmaları için çocuklarımıza yardımcı olmamız gerekir. Dayanıklılık ise sosyal hayatta karşılaşabilecekleri her durum için onlara güç verir. Ebeveynin böyle bir arzusunun olması ve kendini bu konuda durdurmakta zorlanması, onun kendi hayatıyla ilgili birçok ipucu verir kendisine. Belki iyileştirmesi gereken yaraları, belki ezberleri ya da belki kendinde hiç fark etmediği detaylar hakkında fikir verir. Bu noktalara bakar ve tedavi ederse, yeni bir hikâye yazmak için fırsatı olur.

Fazla korunan çocuklar kendini savunamayan, karar verme becerileri gelişmemiş, kendi işini yapmakta zorlanan veya kendini koruyamayan yetişkinler olurlar. Hayatta iyi olan, başarı ile taçlandırılmış hemen her şeyin hikâyesi zorlu bir yolculukta pes etmemenin hikâyesidir. Çocuklarımıza eşlik ederken bu noktalara dikkat etmek de hep bizimelimizdedir.

Demokratik Aile Olmak Çok mu Zor?

Aslında her insan saygı, sevgi ve hoşgörü ile süslenmiş bir ailede yaşamak ister. Huzur insanın çocukluğunda tohum gibi atılır kalbine ve neşv-ü nema bulur zamanla. Huzuru ise ancak bir birey olduğu kabul edilen, gerekli sorumlulukların verildiği, sevgi dolu ve şefkatle kucaklanmış kişiler hisseder.

Her çocuğun kendine özgü bir gelişim kapasitesi vardır. Ve demokratik aileler bunun farkındadır. Çocuğu olduğu haliyle ve olduğu gibi kabul ederler. Çocuğa bir proje gibi davranmazlar. Çocuğun kapasitesinden, ilgi alanlarından, duygularından haberdardırlar. Herkes birbirine karşı şeffaftır. Açık ve net yaklaşırlar, ima ve suçlamalardan uzak dururlar. Eleştiriler davranışa yöneliktir, kişiliğe dair eleştiride bulunmazlar. Çocuklarından gelişim düzeylerine uygun düzeyde olgunluk beklerler. Aileler çocukları ile ortak etkinliklerde bulunurlar ve onlara sorumluluk verirler; gerekli durumlarda onları desteklerler. Çocuğun kendini ifade etmesine ve özdenetim kazanmasına katkı sağlayacak imkanlar sunarlar.

Demokratik tutumla büyüyen çocuklar "olumlu benlik ve öteki imajı" geliştirir. Özsaygısı yüksek, sosyal ve duygusal anlamda yeterli, diğer bireylerle iş birliği içerisinde, kendine güvenen, düşünen, araştıran, uyumlu, sorumluluk sahibi, güven duygusu oluşmuş, sevgi dolu ve huzurlu çocuklar olur. Duygusal ve sosyal açıdan dengeli ve mutlu yetişkinlere dönüşürler.

Kriz Zamanları ve Geriye Kalanlar

Hakk'tan gelen ilk emir "Oku" şeklindedir. Bu bizim hayat boyu dersimizdir. Peki "Oku" emriyle kast edilen sayfalarca kitap okumak mıdır? Sadece buna işaret edildiğini düşünmüyorum. Hayat boyu karşımıza çıkan olayları da kitap sayfaları kadar dikkatli okumalıyız. Kimi zaman hastalık, kimi zaman kazalar, hiç hesap edemediğimiz çetin imtihanlar, sağlık problemleri, kayıplar... Bu durumları, olayları, duyguları ve insanları da okumamız gerektiğine inanıyorum.

Yakın zamanda evde ve bir maskenin ardında aylarımızı geçirdik ve geçirmeye devam ediyoruz. Evde kaldığımız ve hayata dair lüzumlu, lüzumsuz tüm meşguliyetlerimizi minimuma indirdiğimiz şu günlerde bakış açımız ne olmalı? Bu sıkıntılı zamanları nasıl okumalıyız? Bireysel ve sosyolojik olarak veya aile olarak müslüman kimliğimizle, insan kimliğimizle okuyacağımız çok satır var. Okumalarımızın direncimizi artırdığını düşünürsek etrafı pozitif düşünce gözlüğüyle seyretmeye ne dersiniz?

Sosyolojik Anlamda Neler Okuduk?

Fazlaca koşturduğumuz, sevdiklerimizi unuttuğumuz, hayatı kaçırdığımız, sadece seyirci gibi bakıp geçtiğimiz zamanın aslında ne kadar kıymetli olduğunu hatırlamadık mı? Ayağının altında incittiği karıncaları görmeyen, etrafında uçuşan kelebeklerden bihaber olan, kendini, çocuğunu, eşini, evladını çekiştire çekiştire hayat yolunda yol alan, gelecek için çabalayan da bugününü unutan insana bir "dur" sesi gelmedi mi? İşittiniz mi sahi siz de?

"Dur, dinlen, düşün ve demlen," diye seslendi küçücük virüs. Yiyip içtiğimiz mekanlar, gezip tozduğumuz yerler, takıp takıştırdığımız ayrıcalıklar hepsi kepenk kapattı. Herkes bir anda sığınağına kapanmak durumunda kaldı. Lüks arabalar kapı kenarlarında haftalarca yattı. Paran olsa da anlamsızdı. Ülkenin en gözde insanları da aynı acıyı ilk kez paylaştı. Herkes Hakk katında olduğu gibi eşitlendi bir anda. Gerçek zenginin kim olduğunu sığınaklarımıza çekildiğimizde gördük.

Eflatun'un meşhur bir sözü var; "Zenginlik ne kadar şeye sahip olduğun değil, ne kadar az şeye ihtiyacın olduğuyla belirlenir." Şimdi tüm ihtiyaçlar değişti. Ve ihtiyacımızın olmadığı şeylerin peşinde koşturan insan, ilk kez durdu ve bunu okumak için bir fırsat buldu. Koştururken asıl değerli olanları unutmuş ve durup kendimize bakamamışız.

Mesela en son ne zaman hayal kurmuştuk? Hobilerimizle en son ne zaman ilgilenmiştik? Çocuklarımızla en son ne zaman doyasıya gülüşmüştük? Korkularımızın ne zaman farkına vardık? Mesela ölümü düşünme fırsatımız olmuş muydu hiç? Yoksa hayatı acılaştırdığı için bu gerçekten kaçmayı mı tercih ediyorduk? Düşünmesek de gerçekte kaçamadığımızı da fark ettirdi bize. Her şeyi kontrol edemediğimizin farkında mıydık mesela? Bu süreçte fark edebildik mi?

Küçücük bir virüs koskoca dünyayı nasıl da yavaşlattı. Durup kendimize ve içimizdekilere bakmayı öğretti. Ev hayatına uyum sağlamayı ve evi zenginleştirmeyi öğretti. Sıradan sandığımız şeylere dikkat kesilmeyi, evinin bahçesini, içerideki detayları, gökyüzünün ne kadar mavi olduğunu fark ettirdi. Yürümeyi dahi unutan insana evinin yakınındaki yürüme alanlarını gösterdi. Yürümenin erdemini öğretti. Şükredebileceği ne kadar çok şey olduğunu, neden şikayet ederek vakit kaybettiğini sorguladı. Bunları anlayanlar ise doğru okumaları yapanlardı.

Anladık ki geleceği düşünerek bugünden çalmamak, anda kalabilmek, bugünü farkındalıkla tefekkür etmek, kontrol etme çabasından uzaklaşmak, bugünü güzelleştirmek gerekir.

Dayanışmayı unutan ve gittikçe bencilleşen insan için güzel bir okumaydı. Bir diğeri için fedakarlık yapmayı, diğerini hayattan koparmamak için "kendimden de feda edebilirim" duygusunu yaşattı. Birbirimizin arasına giren mesafenin aksine kalplerimizin arasındaki mesafeler kısaldı. Sevdiklerimizle kurduğumuz bağlar güçlendi. Meslek gruplarındaki dayanışmayı izleyen gözlerde adeta virüsler çiçek açtı. İnsanın insana nasıl şifa olduğuna yakından şahitlik ettik. Ve bu zor zamanlarda öğrendiğimiz ancak birbirimizden yardım alarak iyi olabildiğimiz gerçeğini hiç unutmayalım.

Öğrendiğimiz önemli değerlerin yanı sıra bir de tedirgin eden ruh hallerimiz vardı elbette. Endişe hali nasıl oluştu? Kaygı, belirsizlik halini yönetemediğimiz için ortaya çıkar. Kaygılanmak doğaldır, hafif miktarda olduğunda kendimizi korumamıza yardımcı olur. Lakin fazla kaygı kişiye zarar verir. Kaygılı durumlarda insan sanki parmak ucunda yürür. Sürekli böyle yürümek insana nasıl gelir sizce? Acıtır değil mi bir süre sonra parmaklarınızı. Ayak tabanınızın üzerinde daha sağlam yol almak varken neden acısın ki canınız?

O halde bu krizi sosyolojik olarak doğru okuyup bireysel olarak da yola şunlarla devam edelim. Unuttuklarımızı hatırlayıp değerlerimize artık daha sıkı sarılalım: Büyüklerimize, sevdiklerimize, dostlarımıza, komşularımıza, en yakın olduklarımıza…

Hakk'ın karşısındaki acziyetimizi çok yakin hissettik, bunu hiç unutmayalım. Bu dönemde keyif aldığımız, ruhumuzu geliştiren etkinliklere yönelelim. Kara haber veren, felaket tellalı kişilerin enerjisinden uzak duralım. Hayatta her zaman belirsizlikle beraber kontrol edemediğimiz alanlar ve olaylar olduğunu kabul edelim. Bunları sıralamak, düzenlemeye çalışmak bugünü kaçırmanın sebebidir. O zaman kontrol edebildiklerimize odaklanalım da kontrol edemediklerimizden uzak duralım. Tasalı haberlere ve insanlara ayırdığımız zamanları azaltalım ki üretmeye, umut etmeye şevkimiz artabilsin. Sadece bugün değil bundan sonra hayatımız böyle devam edelim. Çünkü içimizi genişletecek insanlara, haberlere, deneyimlere, sevdiklerimize ihtiyacımız var.

Aile Olarak Neler Okuduk?

Çocuklarımızdan hızlı dünyaya ve koşturmalarımıza ayak uydurmalarını isterken nasıl da incitiyormuşuz onları? Sürekli bir kaos, telaş ve stres altındaki çocuğun huzuru hissetmesi mümkün müymüş? Yıllardır eğitimlerde "yuvanıza dönün, ailenize dönün, çocuklarınıza dönün" ifadeleri bir anda kesildi. Ve adeta çocukların duası kabul oldu.

Küçücük bir virüs vesilesiyle tüm dünya meşgalesinden sıyrıldı da bir araya gelmedi mi? Elbette bahsettiğimiz bu bir araya geliş; ekransız, göz göze, söz söze gerçek bir iletişim hali. Sevmek için birbirine zaman ayıramayan aileler tüm zamanlarını paylaşmak durumunda kaldı. Bu dönüş gerçekten birbirine dönüş müydü? Yoksa iç muhasebenin yapıldığı terakki vesilesi bir içe dönüş müydü? Herkes kendi karar versin. Lakin anne babalarıyla normalde uzun zaman geçiremeyen çocuklar tüm zamanlarını onlarla geçirmeye başladılar. Olumlu olumsuz neticeleri elbette oldu.

Zira herkes için toz pembe bir durum söz konusu değil. Çünkü misal o ki; "testide ne varsa o dışarıya sızdı" bu süreçte. Testiden sızanlar çok olumlu değilse aslında bu durum da yeniden başlamak için iyi bir fırsattı. Yani birbirine döndüğünde çatışmalar, anlaşmazlıklar çıktıysa, keyifsiz zamanlar aşikar olduysa ilişkilerdeki görünür olan problemlere, o kanayan yerlere bakma zamanı gelmiş demektir. Üzerini kapattığınız, görmezden geldiğiniz, "böyle de idare ederiz aslında," dediğiniz her şeyi belki de yeni baştan gözden geçirmeliyiz, ne dersiniz? Eşler birbiriyle konuşurken nezaket, özen, hoşgörü çerçevesinde iletişim kurmaya başlasalar ve şu soruları sorsalar mesela birbirlerine:

> "Seninle önemli şeyler hakkında konuşmak istiyorum. Sana duygularımdan, ihtiyaçlarımdan bahsetmek istiyorum."
>
> "Sahi sence nasılız? Sen nasılsın, iyi misin gerçekten? Memnun musun ilişkimizden?"
>
> "Sence ilişkimizin onarılmaya ihtiyacı var mı?"
>
> "Zamanımızı daha kaliteli geçirmeye ne dersin?"
>
> "Sen seni bırak gel, ben beni bırakıp geleyim ve biz olalım artık ne dersin?"

Birey olmaktan, konuşmaktan, ihtiyaçlarımızı dile getirmekten çekinmediğiniz bir onarım sürecine girmeye ne dersiniz?

Sohbet başımızın tacı, gönlümüzün ilacıdır. İnsanların birbirine ülfet etmesine, bağlanmasına sebeptir. Çocuklarınızla, eşlerinizle sahici bir ilişkinin en önemli aracıdır aslında. Kemal Sayar Hoca'mın güzel bir sözü var. Der ki "Anne ve babalarla gençler arasındaki dilsizliğin tırmandığı bir zamanda yaşıyoruz. Bu sadece anne baba ile de değil, aile büyükleri de buna dahil. Eskiden kıssadan hisseler dinlediğimiz büyüklerin yerini arama motorlarında, facebook sayfalarında kendini kaybeden ebeveynler aldı. Dikişi, nakışı öğrendiğimiz ebeveynlerin yerini oturup programlar izleyen büyükler aldı. Hal böyle olunca sohbet, kelime olarak bile nasıl da gurbet değil mi?"

Dakikaların nasıl geçtiğini anlamadığınız, sözün bitmediği sahici bir sohbeti en son kiminle yaptınız? Size neler hissettirdi? Bu tür durumları sorgularken genelde karşı tarafı suçlamaya meyilli oluyor insan lakin yolculuk esas insanın kendinde başlıyor. İnsanın kendiyle baş başa kalması, önce kendisini iyileştirmesi, tamamlaması ve sonra çocuğunu ve eşini onarmaya çalışması yuvayı sığınak yapacaktır. Yani en son ben kimi sahiden dinledim, en son kim benimle sahici konuştu, çocuğumla sohbet ederken bir "tahammül" mü ediyorum yoksa "inşirah" mı iniyor yüreğime? Eşimle sohbet ederken sıra bana gelsin diye geçiştiriyor muyum onu, yoksa saatlerce sözleriyle cennet bahçelerinde mi geziniyorum. Peygamber Efendimiz (s.a.v.) Hz. Aişe (r.a.) ile sohbetinde "Konuş ya Aişe, ferahlayalım…" diye taltifte bulunuyor. Bunu her hatırladığımda Efendimizin (s.a.v.) nezaketi, iltifatının hoşluğu kadar "Hz. Aişe (r.a.) nasıl konuşuyordu, nasıl anlatıyordu, sözleri nasıl latifti, Resulullah'a neyi hatırlatıyordu da böyle hissettiriyordu?" diye düşünüyorum. Bu pencereden bakınca asıl yolculuğun kendi dilimizin ve kalbimizin ucunda olduğunu fark ediyoruz.

Bir gerçek daha var ki doğallığın dışında dip dibe zamanlar geçiriyoruz. Ve çok önemli bir ihtiyacımızın da ihlal edildiği anlar yaşıyoruz. Şüphesiz aile fertlerinin birbirine ayırdığı zaman kadar birbirlerinden ayrı zaman geçirmeye de ihtiyacı var. Alan ihtiyacının karşılanması ve bu durumun ifade edilmesi ne kadar da iyi gelir insana. Bir kahvelik, bir kitap okumalık, bir film izlemelik zamanlar… Ve bunu dile getirmek aslında sandığımız kadar zor ya da anlaşılmayacak bir durum değil. Söylenmek, şikayet etmek, sürekli "of" çekmek, zamanla önce insanın kendisini, sonra çevresindekileri tüketir. Bunun yerine karşınızdaki insanlarla eşinizle, çocuklarınızla konuşmak onların sizin ihtiyaçlarınızdan haberdar olmasını sağlar.

Birçok şeye dikkat etmemize rağmen çatışma da olacak mı evin içinde? Elbette olacak çünkü bu hayatın bir gerçeği. Eşlerimizle, çocuklarımızla aynı görüşte olmama, aynı hissetmeme hakkımız var. Ve her zaman anlaşmak çok da mümkün görünmüyor. Daima mutluluk beklentisi de çok gerçekçi değil. Sadece bu çatışmaların ruhsal hasarlara neden olmaması için süreci doğru yönetme becerisi kazanmak gerekir.

Negatif durumlara yaklaşmada negatifiz. Bu durum ise yangına bir odun atmaya benzer. Bazen mesafe koymak, ara vermek, strese sebep olan ölçüsüz yakınlaşmalara dikkat etmek (kardeşlerin oda ve alan ihlali gibi), mizahla yaklaşmak, çözüm bulmak için iş birliği yapmak hepsi hasarı azaltmak için tercih edebileceğiniz yöntemler. Bunu içselleştirip gündelik hayatımızda kullanmanın tek yolu da pratik yapmak ve belki ezberlerimizi bozmak.

Kriz Durumlarında Çocuklar İçin Neler Yapabiliriz?

Çocuklar için bu süreç çok daha farklı geçti. Sosyal ortamlarından uzak kalmaları bu süreçte telafisi en zor gerçeklerden biri. Bununla birlikte çocukların bu süreçten ne kadar etkilendiği, ebeveynlerinin olaylardan ne kadar etkilendiğiyle doğru orantılıdır. Bu durumu anne baba nasıl anlamlandırıyorsa, nasıl ifade ediyorsa çocuk da öyle anlam verir. Adeta anne babasının gözlerinden ve kalbinden bakar dünyaya? Bu noktada etki düzeyi, yoğunluğu çocuğun mizacı, hassasiyet alanına göre değişir. Virüsü ballandıra ballandıra anlatmak, her defasında "Ellerini yıkadın mı? Maskeni taktın mı? Bak bunları yapmazsan başına şunlar şunlar gelir," gibi cümleler her çocuğu tedirgin eder. Çocuk somut düşündüğü için virüsü şekilden şekile sokar, hayalinde büyütür ve büyüttüğü şey kabusu olur. Özellikle de mizaç olarak hassasiyeti yüksekse veya genetik yatkınlığı varsa obsesif davranışlar ortaya çıkabilir ya da çocukta patolojik hasarlar bırakabilir. Kirlilikten, pisliğin zararından bahsetmek ve farklı etkinlikler yaparak durumu somutlaştırmak gerekebilir.

Dürüst, açık ve samimi bir konuşma gerçekleştirilmeli, yaşına göre detay verilmelidir. Öncelikle neler bildiğini veya neleri merak ettiğini anlamanız için bazı sorular sorabilirsiniz. "Yetişkinlerin etrafta yeni bir hastalıktan bahsettiğini duydun mu?", "Okula neden gitmediğini merak ediyor musun? Bununla ilgili fikrin var mı?" gibi sorulara vereceği cevaplarla ne kadar bilgi sahibi olduklarını, yanlış bir bilgi edinip edinmediklerini öğrenme fırsatı bulabilirsiniz. Sonrasında sakince ve güven vererek "Grip gibi bir rahatsızlık. Bu hastalıkla karşılaşanlar kendilerini grip olmuş veya soğuk algınlığı kapmış gibi hissediyorlar."

Eğer çocuğunuzun bu durumla ilgili korkuları varsa onu mutlaka dinlemeli ve bastırmamalısınız. Mesela; "Sen de hasta olur musun? Bana da bulaşır mı? Ya dedem de hasta olursa? Ben çok korkuyorum." Bu gibi duyguların karşılığında "Seni çok iyi anlıyorum, korkuyorsun. Demek benim hasta olmamdan da korkuyorsun. Doktorlar gerekli tedaviyi uygularlar. Hasta olursam ilaçları kullanabilirim," demeliyiz. Onları geçiştirmemeli ve dikkatle dinlemeliyiz. Duygularından haberdar olmak için can kulağıyla dediklerine dikkat kesilmeliyiz. Onların ne öğrenmek istediğini, olayları nasıl yorumladığını ve çevrelerindeki yetişkinlerden ne istediklerini ancak onları dinleyerek öğrenebiliriz. Korkularını, endişelerini ve üzüntülerini ifade etmelerine izin vermeyi öğrendiğimiz sürece çocuklar da hayatta başlarına gelebilecek krizlere hazırlıklı olacaklardır.

Kontrol etmek ve tedbir almak için yapabileceğimiz şeyler olduğunu ifade ederken "Ellerini muhakkak yıka!" gibi kaygı dolu cümleler değil de "Biliyor musun? Bu hastalıktan korunmak için yapabileceğimiz bazı şeyler var. Mesela sağlıklı beslenmek, ellerimizi düzenli yıkamak ve dışarı çıktığımızda kalabalık ortamlarda ve okulda maskemizi takmak." Çocuklar için kendilerini korumanın yollarını anlatmak rahatlatıcı bir etki oluşturur.

Mümkün olduğunca evde olduğunuz sürede günlük ve haftalık rutinler oluşturun. Kitap okuma saati, oyun oynama saati, film izleme günü gibi... Belirsiz bir durum içerisinde öngörebileceği şeylerin olması çocuğun güvende hissetmesini sağlar.

Yaşına uygun video ve kitaplardan yardım alabilirsiniz. Okul öncesinde terapotik hikâyelerden yararlanabilirsiniz. Onlar ne kadar etkilendiklerini veya neyde etkilendiklerini genel olarak oyunlarında gösterirler. Oyunlarına dikkat kesilmenizi ve beraber oynamanız ona daha rahat ulaşmanızı sağlar, oyunlarda bolca tensel temas gösterin. Medyada yer alan kaygı dolu haberlerden, sohbeti yapılan ortamlardan uzak tutmanız yararlı olur.

Kriz zamanlarından çıkan her çocuk olayı unutsa da duyguları unutmaz. Daha kaygılı ve stresli bir zaman yerine daha mutlu, olayları doğru okuduğumuz bir zaman dilimi geçirmeleri güzel bir miras olacaktır. Çocuklarınız yıllar sonra geriye baktıklarında bu zamanlar hangi duyguları hatırlayarak ansın istersiniz?

Bireysel Olarak Neler Okuduk?

Kendi kaygılarınızla ve ölümlü oluşunuzla yüzleştiğinizi hissettiniz mi? Endişeleriniz, derinlere gömdüğünüz duygularınız su yüzüne çıktı mı? Paspas altına süpürdüğünüz "can kırıklarınız" canınızı acıtmaya başladı mı? Yahut tam tersi koşturmaktan yorulan ve kendi labirentlerinizde kaybolduğunuzdan durunca ve kendi çıkış kapılarınızı görünce inşirahla mı tanıştınız?

Şartlar nasıl da eşitlendi değil mi? Zengin fakirle, arabalı arabasızla, refah içnde olan yoksulla eşitlendi. İnsanların üzerlerinde taşıdıkları tüm elbiseler bir anda anlamını gözle göremediğimiz bir mikrop vesilesiyle yitirdi. Herkes ilk defa aynı anda, aynı şekilde ürkütücü olan bir acıyla karşı karşıya kaldı. Durumun vehameti rakamların çok ötesinde öykülerin içimize düşmesiyle hissedildi. Herkes endişe sarmalının içinden geçti, bazıları daha çok etkilendi peki sordun mu kendine sen ne kadar etkilendin?

Birbirimizi görmenin, iki yudum kahve içmenin, dostluğun, kardeşliğin kıymetini nasıl da öğrendik? Mevcut düzeninizi, dostlarınızla, sevdiklerinizle buluşmayı özlediniz değil mi?

Kayıplarımız, sanki hep yanımızda olacaklarına inandıklarımız ansızın gidiverince kabrin yüzü, unuttuğumuz ölümün hakikati iki cihana açılan bir kapı olmadı mı hepimiz için? Gidenler "Siz de geleceksiniz," diye ah-u enin eylerken herkes tarafından işitilmeyen sesleri, kalbiyle işitenlerin vakıf olduğu hikmeti hediye etmedi mi? Duyanlar olarak "Kalan ömrümüzü nasıl daha anlamlı geçirmeliyiz?" sorusunun peşine düştü. Hayatının anlamını sorgulayan, o sesi işiten herkes bundan sonra daha anlamlı işler üretmeye niyet etti.

Peki ya doğal düzeni mahvedişlerimiz? Doğaya, hayvanlara, birbirimize yapıp ettiklerimiz, görmezden gelişlerimiz? Sırtımızı döndüğümüz acılar, yokmuş gibi davrandığımız azınlıklar, birbirimize kör yaşamanın en çok birbirimize zarar verdiğini fark etmedik mi? Şimdi birimizin ayakta ve sağlam durabilmesinin diğerleri için ne kadar da yararlı olduğunu öğrendik. Bu süreçte online kitap okuyanlar, spor yaptıranlar, müzelerini, arşivlerini herkese açanlar, eğitim konferansları verenler, evlerimizde ağırladığımız uzmanlar, insanların sıkıntılarına bir nebze çare olmaya çalışanlar, sağlık personelleri, öğretmenler, esnaf ve diğeri için fedakarlık yapan herkes de bu sürecin umut veren kısmıydı.

Bu süreci Pollyanna misali bir iyimserlikten ziyade, her şeyin farkında olan ama ufka temiz bakan gözler olarak değerlendirirsek gelecekte umuttan bahsedebiliriz. İçimizdeki her şey iyi kötü ne varsa bu kapanma sürecinde dışarıya çıktı. Şimdi artan farkındalığımıza şükredip yaralarımızdan arınma ve temizlenme zamanı… Ve insan kendine her daim şunu hatırlatmalı: Bu salgın hayatımda ne gibi farkındalıklar oluşturarak ayrılacak?

4. BÖLÜM

AİLEDE DEMOKRASİ

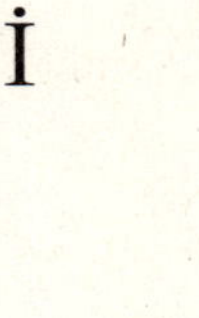

"İlk toplum evliliğin kendisidir."

Cicero

Hangimiz fikri sorulan, duygularına değer verilen, düşüncelerine saygı duyulan, ağladığında, konuştuğunda, evde ya da okulda susturulmayan çocuklardık? Ailede konuşabilmemiz, fikirlerimizin dikkatle dinlenebilmesi için belli bir yaşı aşmamız gerekmiyor muydu? Bir hata üstümüze kaldığında veya hata yaptığımızda kaçımız kendimizi savunabilecek cesarete sahiptik? Konuşacak olsak büyüğünüze cevap vermekten saygısız addediliyor, cevap vermesek pısırık oluyorduk. Ağlasak mızmız, ağlamasak duyarsız demiyorlar mıydı? Şimdi çocuklara, tabiri caizse, gözünün üzerinde kaşın var diyemezken ebeveynler, o zamanlar ne kaş kalıyordu ne göz! Okullarda da durum farklı değildi. Öğretmenin sürekli anlattığı, öğrencinin sırasında çiçek gibi oturarak çiçek açtığı(!) ve sürekli dinlemek zorunda kaldığı bir sistemin içinde değil miydiniz? "Öğretmen öğretir, öğrenci öğrenir." "Öğretmen konuşur, öğrenci susar." Birbiriyle konuşamayanlar birbirini anlayamayacakları için ihtiyaçlarından bihaber bireyler olarak yola devam etti bu şekilde büyüyenler.

Sorunlara farklı çözümler getirilmesi sayesinde çocuklar hayatta karşılaşacakları sorunlara karşı bakış açılarını geliştirir, daha dayanıklı olurlar.

Polat Doğru Hocamın çok veciz bir ifadesi var. Diyor ki; "Çocuk olmanın zor olduğu dönemlerde çocuktuk, anne baba olmanın zor olduğu dönemlerde anne babayız." Bilmediğimiz yerlerden geliyor sorular ve biz ezberlerimizi bozuyoruz. Bu elbette kolay olmayacak ama değişimin başlaması da böyle mümkün olacak. Aile hayatı, bir arada sürdürdüğümüz birlikten ibaret değil ya da başka bir ifadeyle aile olmak için bu yeterli değil.

Çok iyi biliyoruz ki aile; insanın bilişsel, duyusal, fiziksel ve sosyal gelişim açısından ilk eğitimini aldığı yerdir. İnsan bu eğitim ile kendisine, topluma ve hayata dair yaklaşımını geliştirir, davranış ve tutumlarını değiştirir. Toplumda değişmesini istediğimiz her durumun değiştirici kaynağıdır aile. O halde demokratik tutumda kısaca değindiğimiz hususlara dikkatle demokrasi toplumda inşa edilir. Demokratik ailede yetişen çocuklar daha kucaklayıcı, daha adil, daha gayretli, duygusal olgunluğa erişmiş, daha sabırlı, daha üretkendir. Baskıcı veya aşırı koruyucu ebeveyn tutumunun olumsuz neticeleri vardır. Mesela İbn-i Haldun, baskının çocuk üzerindeki etkilerini şöyle yorumlar: Çocuğun ailede ve eğitim sürecinin değişik kademelerinde karşılaştığı olumsuz koşullar asabiyet (hayal gücü, güç, kuvvet, vs.) duygusunu zedelemektedir. İbn-i Haldun'a göre baskıcı ortamda yetişen çocuklar dürüst ve açık fikirli insanlar olmak yerine, cezalandırılma korkusu altında ezilmiş, zayıf kişilikli ve hilekâr tipler haline gelirler. Zamanla bu davranışlar bir alışkanlık ve karakter halini alır. Alışkanlık haline gelen davranışları değiştirmek o kadar zordur ki. Sanırım hiçbir ebeveyn bu profilde bir çocuk yetiştirmek istemez.

Ailede herkesin yaşına, gelişimine ve kapasitesine göre adil olarak yapılmış iş bölümüne, düşünceye ve kanaatlere saygı gösterilmesi, herkesin sorumluluğunun farkında olması ve elinden geleni yapması, kederlerin ve sevinçlerin paylaşılması demokratik aile yapısının olmazsa olmasıdır.

Ailede Demokrasi Nasıl Korunur ve Geliştirilir?

Demokratik olmayan ebeveynlerin sizce demokratik ortam oluşturmaları kolay olur mu? Bunun ne kadar zor olduğunu demokratik olmayan tutumlarla büyümüş ve bu kitabın satırlarında şifa arayan kalpler hissediyor sanırım. Anne babasının adil davrandığını gören, çocuk olduğu için susturulmayan, gerektiğinde düşüncelerini rahatça ifade edebilen, sorumluluklarının farkında olan çocuklar, bu tutumu özümseyebilir, koruyup geliştirebilirler. Evde otorite olarak ilan edilen kişinin gölgesinden korkup saklanılan kişi olması, sözüne itibar etmekten ziyade çekinme ve korku duygusuyla doldurur çocukluk yıllarını. Bunun gelecek yıllarda baskı olarak hissedilmesi nedeniyle çocuk tepki geliştirir ve öfke açığa çıkar. Ebeveynlerine karşı öfke hisseden bir çocuğun kendi hikâyesini yazarken bu duyguyu kontrol etmesi ve demokratik kararlar vermesi, doğru davranışlar gerçekleştirmesi oldukça zordur. Doğrusunu bilir, en güzelini ister lakin yakasını bırakmayan öğrenilmiş yanlış davranış ve duyguları fark etmedikçe görünmez prangalar gibi ona engel olmaya devam ederler.

Aile bireylerinin birbirlerini dinlemeleri, birbirlerinin davranışlarıyla ilgili olumlu olumsuz hissettikleri duyguları rahatça ifade edebilmeleri, birbirlerini sevdikleri işler, hobiler, ilgi alanları hususunda teşvik etmeleri; korkularını, kaygılarını, sevinçlerini paylaşmaları, çatışmalarını konuşarak ve uygun yollarla çözebildikleri bir yuvada olmaları demokrasi kavramını en sağlıklı şekilde öğrenirken aile psikolojisi de huzurla taçlanır.

Şiddetin her türlüsü demokrasi önündeki en büyük engeldir. Ve şiddetle büyüyen, şiddet mağduru olan çocukların çoğunluğu yetişkin olduğunda şiddete meyilli olur. Karşılaştığı problemleri çözmek için demokratik yollara başvurmakta zorlanır. Öğrenip değiştirmesi elbette mümkündür lakin refleks olarak ilk tepkinin şiddet içerikli olması muhtemeldir. Çocuklarımıza kaba gücün değil, konuşma ve anlama gayretinin sorun çözmekte etkili olduğunu göstermemiz gerekir.

Peki demokrasinin sindirilmesi, öğrenilmesi için neler yapabiliriz?

Toplansak da mı Karar Alsak, Toplanmasak da mı?

Birlikte olmak, beraber olmak değildir. Birçok aile birlikte olmayı başarabilir lakin beraber olmayı başarmak, cem olabilmek çok daha zordur. Toplanmak, "cem" olmak, insanın sığındığı yer olması, sadece kendisi olduğu için sevilmesi ve diğerini sevmesi halidir. Aile olduğumuzda eşimizle beraber yeni ortamların gelenek ve göreneklerini öğrenirken kendi içimizde taşıdıklarımızın da farkına varırız.

İki aile arasında muhakkak farklılıklar olacaktır. Cem olduğumuzda bu farklılıkların zenginleştirdiği bir beraberliği de başarmış oluruz. Aileler bir çocuğa eşlik etmeye karar verdiklerinde nasıl bir çocuklarının olmasını istediklerini sorduğumuzda bazı maddeler sıralarlar. Sağlıklı, hayırlının altındaki maddelerde "sorumluluk sahibi", "özgüven sahibi", "sosyal olsun" istiyorlar. Lakin eşlik etmeye başladıklarında en gerçekçi beklenti "sözümü dinlesin" oluyor. Söz dinleme meselesinin sorgusuz itaat etme olarak algılandığı bir evde özgüven sahibi, sorumluluk sahibi veya sosyal bir çocuk olması pek de mümkün görünmüyor. Sorun çözme becerisine sahip, kendini rahatça ifade edebilen, bilinçli kararlar veren, sınırlarını bilen, sözünü tutan, sorumluluklarının farkında çocuklar olmalarına yardımcı olmak için demokratik bir şekilde işleyen aile toplantıları düzenlemek yardımcı olur.

Dolayısıyla aile toplantılarında amaç; anne, baba ve çocukların birbirleriyle olan iletişimini artırmak, söylenmeye fırsat bulunamayan cümlelere yer açmak, bireylerin kendilerini ifade etmelerine imkân sağlamaktır. Nasihat etmek yahut dediklerimizi yaptırmak değil, demokratik aile birlikteliğinin sağlanması için herkesin fikrinin dikkate alınması değer verilmesidir. Sorumlulukların belirlendiği, sınırların öğrenildiği, ilişkilerin sağlıklı bir biçimde ilerleyebilmesini sağlayan iletişimin sağlandığı, konuşulabilen, değerlerin belirtildiği, aile olma duygusunun hissedilebileceği bir toplanma saatidir aile toplantıları. Çocuklar bu toplantılar sayesinde kararların nasıl alındığını, evdeki rol paylaşımlarının nasıl yapıldığını yaşayarak öğrenirler. Birbirlerini daha yakından tanıma fırsatı kazanırlar. Hangi olaylarda nasıl tepkiler verildiğini, iletişim kurmak için hangi yolların denendiğini ve duygusal durumların nasıl deneyimlendiğini aile toplantılarında hem gözlemleyerek hem de deneyimleyerek öğrenir. Ebeveynler de çocukların hangi olayı nasıl algıladığını, nasıl değerlendirdiğini ve problem çözümlerinde nasıl bir yöntem izlediğini bu toplantılar sırasında öğrenir. Çocuklar maskelerinden, makamlarından arınarak toplantıya katılan anne babanın daha doğal ve duygusal tepkilerini keyifle hisseder. Düşüncelerine saygı duyulduğu için önemsendiğini hisseder ve evde yer bulabilmesi aidiyet duygusunu da geliştirir. Sorunlara farklı çözümler getirilmesi sayesinde çocuklar hayatta karşılaşacakları sorunlara karşı bakış açılarını geliştirir, daha dayanıklı olurlar. Aynı zamanda iletişim sorunlarının aşılmasına yardımcı olurken sorumluluk kazandırmada da etkilidir.

Dinlenmek, birbirini teşvik etmek, yapılması gereken işleri planlamak, kaygıları, duyguları, şikayetleri ifade etmek, çatışmaları çözümlemek, aile birlikteliklerini planlamak gerekir. İlk toplantıda bu amaçların samimiyetle konuşulması, toplantıların temelinin daha şeffaf bir zeminde atılmasını sağlar. Demokratik bir aile olmadan, çocuğun konuşmasına fırsat vermeden demokratik bir toplumdan da söz edemeyiz. Peygamber Efendimizin (s.a.v.) ailede istişareye verdiği değer örneklerle taçlanır.

Aile Toplantısı Nasıl Yapılmalıdır?

"Tamam aile toplantısı yapalım da eeee ne konuşacağız, nasıl yapacağız bu toplantıyı?" diye düşünebilirsiniz? Aşağıda sıraladığımız durumlara hassaten dikkat etmenizi öneririm.

- Haftada bir veya iki haftada bir gün; günü ve saati belli olacak şekilde planlayın. Bu rutin haline dönüşsün, olağanüstü bir hal olmadığı müddetçe ertelemeyin.
- Çocuklara mahiyetini muhakkak izah edin. Mesela "Çocuklar haftada yarım saat hep beraber toplanıp konuşacağız. Bu sohbetlerimizde evle ilgili, beraber yaşam sürüşümüzle ilgili düşüncelerimizi, fikirlerimizi paylaşıp beraber karar alacağız. Duygularınızın, düşüncelerinizin yöneticisi olmalıdır. (Babanın şefkatli otoritesi mühimdir.) Çocuklar statü kazanır.
- Toplantı sırasında telefonları sessize alın, televizyonları da kapatın.
- Giriş bölümünü çocukların yaş ve gelişimine uygun bir girişle başlatabilirsiniz.
- Herkes sırayla okul, iş ve evle ilgili olumlu olumsuz paylaşım, istek ve önerilerini belirtsin.
- Fikir alışverişi sonucunda ortaya çıkan kararları oylayın.
- Fikri olanları önceleyin, olmayanları ve sessiz kalanları konuşmaya teşvik edin.

- Anne baba olarak toplantı saatini nasihat edilen ve son kararı ebeveynin verdiği bir saate dönüştürmeyin.
- İstek ve ricalar, ihtiyaçlar konuşulur.
- Büyüklerle ilgili eleştiri geldiğinde anlayış, sabır ve merhametle açıklama yapın.
- Eleştiri veya önerilerinizi isim verip rencide etmeden genel ifadelerle söylemeye dikkate din.
- Kurallar belirlendikten sonra not alabilirsiniz. Hatta herkesin göreceği bir yere asabilirsiniz.
- 5 yaşından büyük her çocuk fikrini özgürce ifade edebilir. Ama 7 yaşından büyük çocukların oy hakkı vardır.
- Belirlenen sorumluluklar konusunda konuşabilirsiniz.
- Toplantının güzel başlaması ve güzel bitmesi önemli. Bu nedenle mümkün olursa şayet sonunda yiyeceklerle sofranızı şenlendirebilirsiniz.

Toplantıların en önemli özelliği sohbet edebilmeyi, her bireyin kendini ifade edebilmesini sağlamaktır. Konuşulamayan meseleler birikir ve biriken meseleler olumsuz duygular bırakır insanda. Kızgınlık, mutsuzluk, üzüntü, pişmanlık gibi tüm duygular konuşmasak da zamanla taşan ve hem kişinin kendisine hem de etrafına zarar veren bir hale dönüşür. Birbiriyle konuşabilen insanlar sevgi kaplarını bağlantı kurarak doldurabilirler. Ve biz çocuğumuza nasıl davranırsak çocuğumuz dünyaya öyle davranır. Çocuklarımız yıllar sonra çocukluklarını hangi hislerle hatırlasınlar istiyorsak niyet ve amellerimize bu hislerle eşlik edelim.

Aile Toplantıları Çocuklarımıza Ne Kazandırır?

Dinleme, fikir üretme ve sorun çözme becerisi kazandırır. İnsanlara değer verme duygusunu hisseder ve iş birliğini öğrenir. Hatalardan ders çıkarmayı deneyimlerken aile içi çatışmaları azaltır. Sorumluluklarını alma konusunda çocukları cesaretlendirir. Aile kültür aktarımı oluşur.

Çocuğunun duygu ve düşüncelerini paylaşmasına, yaşamasına izin veren, onlara değerli olduklarını hissettiren anne babalar ailede demokrasiyi sağlayabilmişlerdir. Ve aile toplantısının "cem" olabilmek konusundaki en önemli katkısı da budur.

Sorumluluk mu Dedi Biri?

Görevlerini yerine getirmemesi, yaşına uygun işleri bile yapmaktan kaçınması, sürekli destek beklemesi, iç motivasyonuyla hareket etmekte zorlanması gibi davranışlar, bugüne baktığımızda anne babaların çocuklarıyla ilgili en çok zorlandıkları noktalar.

Aile toplantısı bunu nasıl kazandırır? Fikrini söyleyen çocuk fikrinin sonuçlarını yaşama imkanı bulur. Bu toplantılar sebebiyle hatırladığı görevleri yerine getirmesi gerektiğini deneyimler. Çocuk bunu deneyimlerken tercih ettiği seçimlerin sonuçlarını da yaşar. Şunu hatırlamak gerekir ki bu sonuçları yaşamasın diye sürekli çaba gösterirseniz çocuğunuz bunu hiçbir zaman öğrenemez. Mesela anne babanın çocuğa görevini hatırlatmasından sonra çocuk o görevi yapmadığı takdirde onun işini yapmamaları ve çocuğun sorunuyla yüzleşmesine izin vermeleri gerekir. Örneğin ödevini yapmayan öğrencinin bedeli; öğrenememesi veya öğretmen ile yüzleşmesidir. Çantasını zamanında hazırlamayan öğrenci kitabını unutuyorsa bunu fark etseniz dahi duruma müdahale etmemelisiniz ki o kitabı evde unutmuş olmanın bedelini deneyimleme imkanı bulsun. Odasını toplamayan, yemek yemek istemeyen çocuğa da aynı şekilde yaklaşmak gerekir. Hatayı deneyimlemek dayanıklı olmayı da öğretir. Çocukların işten çıkarılma veya başka bir iş bulmak zorunda olma gibi yetişkinlikte karşılaşabilecekleri zorlukların üstesinden gelmelerine yardımcı olur.

Bu toplantılarda sorumluluk almalarını destekleyecek bazı pratikler gerçekleşir. Bunlardan birisi "bilgilendirme"dir. Birbirimizden yapmasını istediğimiz yahut yapmamız gereken davranışların nedenlerini anlatırız. Çocukların yaşlarına ve gelişimlerine uygun olarak açıklamalar yaparız. Çünkü çocuk neyi neden yapacağını anlarsa ailesine yardım etme ve sorumluluk alma bilincini içselleştirir. Bu açıklamaları yaparken çocuğa kendini suçlu hissettirmemek çok önemlidir.

"Bütün gün çalışıyorum, koşturuyorum, yoruluyorum bir de senin oyuncaklarını topluyorum her yerden." Bu gibi cümlelerden kaçınmak gerekir. Çünkü bu tür tepkiler çocuğu öfkelendirmekten ve üzmekten başka bir işe yaramaz. Bunu duyan çocuk genelde gidip oyuncağını toplamayı tercih etmez. Ya kendisine söylenen ebeveynini işitmez, kapatır kendini veya öfkeyle karşılık verir. Yahut nadiren de olsa istenilen eylemi yapar ama yoğun bir suçluluk duygusu da hisseder. Bunun yerine bu toplantılarda oyun oynama ihtiyaçlarını anladığınızı, bundan çok da memnun olduğunuzu ama kendi odalarının dışında bıraktıkları oyuncaklardan rahatsız olduğunuzu ifade etmelisiniz. "Bu konuda neler yapabiliriz beraber konuşalım, önerilerinizi alayım," diyerek konuyu istişare masasına yatırabilirsiniz. Diğeri "takip"tir. Öncelikle bazı alışkanlıkların oturması için zamana ihtiyaç olduğunu unutmamalısınız. Bu sürece dikkat ederek ve kendinize hatırlatarak çocuğunuza verdiğiniz sorumlulukların yerine getirip getirilmediğine, hangi zamanlarda davranışın yapılıp yapılmadığına dikkat etmeniz gerekir. bu, durumu ne kadar önemsediğinizi, hatırladığınızı ve değer verdiğinizi hissettirir. Kesinlikle dedektif rolüne bürünüp gölge gibi takip etmeyi kastetmiyorum. Olumlu pekiştireçlerle o sorumluluklarını yerine getirdikçe bunu fark edip "Sen yardım edince işler ne kadar da kolaylaşıyor," gibi olumlu, motive edici geri dönüşümler iyi gelir. Geribildirim o kadar kıymetlidir ki… Takip sonucunda çocuğa geribildirimde bulunmak gerekir. "… yaparken çok gayretlisin, seni tebrik ederim," gibi onarıcı ifadeler çocukların kendilerini desteklenmiş hissetmesini sağlar. Çocuğun zorlandığını fark ettiğinizde "Bazen zorlanabilirsin ama yardıma ihtiyacın olduğunda her zaman destek olurum,", "Bunu neden yapmadığınla ilgili konuşmak ister misin?", "Bu duruma nasıl bir çözüm bulabiliriz?" gibi onarıcı, yapıcı ve iş birlikçi yaklaşımlar, ebeveyn ve çocuk ilişkisini de kuvvetlendirir.

Çocukların sorumluluk gelişiminde şüphesiz en önemli etken anne babanın görevlerini nasıl temsil ettiğidir. Rol model olmak, çocuğa eşlik ederken terbiye olmamız için de mühim bir fırsattır. Olumlu davranışlar sergilediklerinde alaylı ifadelerle duruma yaklaşmamak gerekir. ("Hayret!" gibi…) "Bırakalım çocuk kalsın, çocukluğunu yaşasın, nasılsa ilerde her şeyini kendisi yapacak," diye de düşünmeyin. Yaş aldıkça alışkanlık kazanmak zorlaşır. Muhakkak çocuğa, yaşına uygun sorumluluklar vermeye dikkat edin.

Dinleme becerisi gelişen, saygı göstermeyi öğrenen, duygularını kontrol edebilen, aidiyet duygusunu güçlendiren bu toplantılar birçok problemin kendiliğinden çözülmesini de sağlar.

5. BÖLÜM

İYİYİM, İYİSİN, İYİ...

"Çoğu zaman insanlar hayatlarını sondan başa doğru yaşamaya kalkarlar. Daha fazla şeye ve paraya sahip olmaya çalışırlar ki istediklerini yapıp daha mutlu olabilsinler. Oysa bu işler tam tersi şekilde yürür. Önce gerçekten olduğunuz kişi olmalı, sonra istediklerinize sahip olabilmek için yapmanız gereken şeyleri yapmalısınız."

Margaret Young

Hiçbirimiz bu dünyaya yalnız gelmedik. Belki çoğumuz büyülü masallar dinleyerek de büyümedik. Ama göğümüz aynı mavilikteydi. Geçmişin koridorlarında birçoğumuz dolanırken fark ederiz ki kalbimizi rahatlatan o sonsuz mavinin huzurunu, yaralandığımız zamanlar da aynı şekilde hissettik. Çoğu zaman çaresizce ve masum bakışlarıyla bize bakan o küçük çocuğu fark edip şefkatle elini tutunca başlıyor iyileşme hali. Zira kendimizde iyileştiremediğimiz her şey çocuklarımıza geçiyor. Bizim bitmemiş bütün meselelerimiz ve yüklerimiz onların oluyor. Hani bazen görmezden geldiğimiz, bazen duymamak için kulaklarımızı tıkadığımız, bazen kalbimizin içine tıkıştırdığımız ama zorlandığımız olaylar, duygular. Bu yükleri bırakmanın zamanı gelmedi mi? Omuzlarımızı büken, yüzümüzü düşüren, göğsümüze oturan sıkıntı halini terk etmek için daha ne kadar geçmesi lazım? Bunun faturası kime kesilir? Eğer bir yolu varsa bu yükleri bırakmayı tercih etmez miyiz?

Aslında ilişkilerimize daha yakından baktığımızda bunu fark etmek mümkün. Bitmemiş meselelerimizi anlamaya çalışırken ebeveyn çocuk ilişkisinde zorlandığımız anlarda bunun ne kadarının bizimle ilgili olduğunun ayrımını yapmalıyız. O an zorlanan evladımızla ve onarılmayı bekleyen, daha yaralı taraflarımızın sahibi içimdeki incinen çocukla da temas etmek ve şifa bulmak kolay olacaktır. Her defasında konu buraya gelince, Chanelle Sowden'in kendine ebeveynlik yapmakla ilgili müthiş sözü aklıma gelir. Der ki; "Kendinize yeniden ebeveynlik etmenin büyük kısmı hoşgörüden ibarettir. Kendinize anne babalık etmek, zor duygularınızla baş etmeye çalışırken içinizdeki çocukla sakince konuşabilme becerisidir." Bu, kendimize yeniden ebeveynlik yapmak ve içimizdeki çocukla bağ kurmakla mümkündür.

Her sabah uyandığımızda penceremizde gün aydınlanıyorsa, bize emanet edilmiş yaşanacak 24 saatimiz var demektir. Dünün tekrarı olmasın diye, yeni şeyler söyleyelim, yeni işler yapalım, her gün hikâyemizi yeniden yazalım diye emanet edilmiş. Kendimize daha yakından baktığımızda içimizin enkazlarını kaldırıp toz içinde kalmış yanlarımızı temizlemeliyiz. Yaşadığımız her durumdan duygularımızın ve sonuçlarının sorumluluğunu alıp yola devam edelim diye emanet edilmiş ömrümüzü heba etmeyelim. Nihayetinde yaşadığımız şeylerin büyüklüğü çok farklı olsa da hepimizin aradığı şey kendimizle o derin bağı kurmaktır. Kendisiyle derin bir bağ kuran kişi Hakk'la bağını da güçlendirir. Başına gelen her durumun bugününe ve geleceğe bakan anlamlı tarafını fark eder. Olduğu haliyle kabul eder. Ruhunda bu kabulü yaşayan ve iyi olan kişi ebeveyn olarak çocuklarına da iyilik haliyle tesir eder.

Bu hikâye bizim hikâyemiz. Bu hikâyenin hem şahidiyiz, hem katibi. Çocuklarımız bu hikâyenin kalbinde yer alır, en hassas noktamızdır. Hayatımıza geldikleri ilk günden itibaren kendi içimizdeki çocuğun paspas altına sürüklediği acıların ellerini tutarlar şifa için. Onlar sayesinde fark ettiğimiz çocukluk korkularımız, gözyaşlarımız, heyecanlarımız, kör noktalarımız şefkatle yüzleşir, öfkelerimizle karşılaşırız. Ve bu farkındalıkla iyileşmenin mümkün olduğunu görür, güçlü yanlarımızı fark eder ve kendimizi olduğumuz haliyle, yaşadıklarımızı da öğrettikleriyle kabul ederiz. Büyümemiz, gelişmemiz, değişmemiz için alan açan, yol gösteren ve yanı başımızda durup elimden tutan, bize emanet edilen evlatlarımıza eşlik etmenin huzurunu hissetmeye niyet ederiz.

Anlıyorum ki çocuklarımızın çocukluğunu nasıl yaşadığı, geleceğe nasıl bakacaklarını ve hatta nasıl yaşayacaklarını belirleyecek. Yapılan yemeklere, okunan kitaplara, hangi yaklaşımlarla büyütüldüğüne dair detayları hatırlayamayacaklar ama paylaştığımız duygusal lezzeti, ruh birlikteliğini, bağ kurarak yaşadığı her anın keyfini hatırlayacaklar. İyi olma, iyi hissetme halini kalbinde misafir edecekler.

O nedenle; bugün, burada ve şimdi başlayarak bazı soruları sormalı, doğru cevaplarla gerçekliklerimizi değiştirmeliyiz.

Çocuklarımıza koşulsuz sevgiyi hissettirebiliyor muyuz?

Onları güven duygusuyla kucaklayabiliyor muyuz?

Onlara destek verebiliyor ya da onların ihtiyaçlarını önemsiyor muyuz?

Çözüm sunabiliyor ya da sessizliklerini anlayabiliyor muyuz?

Farkındalıklarımızla, öğrendiklerimizle, hatırladıklarımızla adım adım, ilmek ilmek gayretle ve şefkatli kararlılıkla yol almaya ne dersiniz?

Bugün hep beraber niyet edelim mi iyilik halinin besmelesine?

Önce kendimize, sonra çocuklarımıza şefkatli olmakla başlayalım. Sabır ve anlayışla uzatalım elimizi. Sonuç alma konusunda acele etmeyelim. Unutmayalım, hiçbir tohum ekildiğinin ertesi günü meyve vermez. Ama kök salar, zamanı gelince de çiçek açar.

Onları gördüğümüzde, anladığımızda, önemli olduklarını hissettiklerinde ve yanındayız diyebildiğimizde, yürüdüğümüz yollar daha güvenli, daha sevgi dolu, daha huzurlu olacak.

Şimdi ebeveyn olarak hangi duygu içindeyim?

Kabul,

Varlıklarına Şükür,

Merhamet,

Güven...

Benim içimdeki hayat, çocuğa tesir eden hayat!

Sahi sizinki hangisi?